One Minute Mysteries: Short Mysteries You Solve with Math!

Misterios de un minuto: *¡Misterios cortos que resuelves con matemáticas!*

Eric Yoder & Natalie Yoder

Science, Naturally!
Washington, D.C.

One Minute Mysteries: Short Mysteries You Solve with Math!
Misterios de un Minuto: ¡Misterios Cortos que Resuelves con Matemáticas!

First Edition • August 2017 • ISBN 13: 978-1-938492-22-8 • ISBN 10: 1-9384922-2-6
E-book • August 2017 • ISBN 13: 978-1-938492-23-5 • ISBN 10: 1-9384922-3-4
Excerpted from *One Minute Mysteries: 65 Short Mysteries You Solve With Math!*
by Eric Yoder and Natalie Yoder
ISBN 13: 978-0-9678020-0-8 • ISBN 10: 0-9678020-0-8

Published in the United States by:
Science, Naturally! LLC
725 8th Street, S.E. • Washington, D.C. 20003
202-465-4798 • Toll-free: 1-866-SCI-9876 (1-866-724-9876)
Fax: 202-558-2132
Info@ScienceNaturally.com • www.ScienceNaturally.com

Distributed to the book trade in the United States by:
National Book Network
301-459-3366 • Toll-free: 800-462-6420
Fax: 800-338-4550
CustomerCare@NBNbooks.com • www.NBNbooks.com

Book Design: Holly Harper, Blue Bike Communications, Washington, D.C.
Linsey Silver, Element 47 Design, Washington D.C.

Cover Design and Section Illustrations:
Holly Harper, Blue Bike Communications, Washington, D.C.
Linsey Silver, Element 47 Design, Washington D.C.
Andrew Barthelmes, Peekskill, NY

Library of Congress Cataloging-in-Publication Data

Names: Yoder, Eric. | Yoder, Natalie, 1993-
Title: Short mysteries you solve with math! = –Misterios cortos que resuelves con matemáticas! / Eric Yoder & Natalie Yoder.
Other titles: –Misterios cortos que resuelves con matemáticas!
Description: First edition. | Washington, D.C. : Science, Naturally!, 2017. | Series: One minute mysteries = Misterios de un minuto | In English and Spanish. | Audience: Age 10-14. | Audience: Grade 7 to 8. | Includes index.
Identifiers: LCCN 2017004303 (print) | LCCN 2017006277 (ebook) | ISBN 9781938492228 (pbk.) | ISBN 1938492226 (pbk.) | ISBN 9781938492235 (e-book) | ISBN 1938492234 (e-book)
Subjects: LCSH: Word problems (Mathematics)--Juvenile literature.
Classification: LCC QA63 .Y6275 2017 (print) | LCC QA63 (ebook) | DDC 510--dc23
LC record available at https://lccn.loc.gov/2017004303

10 9 8 7 6 5 4 3 2 1

Schools, libraries, government and non-profit organizations can receive a bulk discount for quantity orders. Contact us at the address above or email us at Info@ScienceNaturally.com.

Printed in the United States of America.

Supporting and Articulating Curriculum Standards

All *Science, Naturally* books align with both the Common Core State Standards and the Next Generation Science Standards. The content in *Science, Naturally* books also correlates directly with the math and science standards laid out by the Center for Education at the National Academies. Articulations are available at

ScienceNaturally.com

Table of Contents | *Tabla de contenido*

Math at Home
Matemáticas en casa

Math Outside
Matemáticas en el campo

Math at Play
Jugando con Matemáticas

Math Every Day
Matemáticas todos los días

Science Bonus Section
Suplemento especial de ciencias

Why I Write This Book

by Eric Yoder

The words math and science often are paired together, especially in the context of education. So a math mysteries book seemed a natural sequel to *One Minute Mysteries: 65 Short Mysteries You Solve with Science!* The purpose of this book is the same as that of the first: to show real-world applications of academic subject matter, using mystery as the vehicle.

Our goal was not to test how well readers do calculations or remember formulas, although math by necessity involves some of that. Rather, by blending academic subject matter with some light-hearted narratives, we have tried to make math more accessible and enjoyable not only for children, but also for readers of all ages.

It has been gratifying to hear that so many parents, children, teachers, homeschoolers, and other readers enjoyed the science book for both the mystery and the learning aspects. We hope this book shows that math—often math that you can do in your head—can similarly help solve the everyday mysteries of life.

Why I Wrote This Book

by Natalie Yoder

Math is the kind of thing that you think you're never going to use, but that's not true. You have to use math lots of times in real-life situations, just like in this book.

Many of these mysteries started with the idea of an everyday problem that could be solved using math.

Sometimes, my dad and I would think up a great idea for a story, and we would quickly write it down. I could write them pretty fast, so I wrote a bunch by hand or on the computer and gave them to my dad to edit. He wrote some and I edited them, and we wrote others together.

When you're faced with a situation that you can't figure out, math can sometimes help you. Writing these stories tested how well we could think of a mystery, and reading them will test how well you can solve them using math. I hope you like them!

Natalie

Por qué escribí este libro

por Eric Yoder

Las palabras matemáticas y ciencias a menudo vienen en pareja, especialmente en el contexto de la educación. Así que un libro de misterios matemáticos parecía una séquela natural a *One Minute Mysteries: 65 Short Mysteries You Solve with Science!* El propósito de este libro es el mismo del primero: demostrar aplicaciones de la materia en el mundo real, usando el misterio como vehículo.

Nuestra meta no era probar cuán bien los lectores hacen cálculos o recuerdan fórmulas, aunque las matemáticas por necesidad implican algo de eso. Más bien, al combinar la materia académica con narraciones ligeras, tratamos de hacer las matemáticas más accesibles y agradables no sólo para los niños, sino también para lectores de todas las edades.

Ha sido gratificante escuchar que tantos padres, niños, maestros, educadores en casa y otros lectores han disfrutado del libro de ciencias tanto por el aspecto del misterio como por el aprendizaje. Esperamos que este libro demuestre que las matemáticas—a menudo las matemáticas que se pueden hacer en la cabeza—también pueden ayudar a resolver los misterios cotidianos de la vida.

Eric

Por qué escribí este libro

por Natalie Yoder

Las matemáticas son el tipo de cosa que crees que nunca vas a usar, pero eso no es cierto. Tienes que usar matemáticas muchas veces en situaciones de la vida real, tal y como en este libro.

Muchos de estos misterios comenzaron con la idea de un problema cotidiano que podía resolverse usando matemáticas.

A veces, mi padre y yo pensábamos en una gran idea para una historia, y la escribíamos rápidamente. Yo podía escribir bastante rápido, así que escribí un montón a mano o en la computadora y se las di a mi papá para editar. Él escribió algunas y yo las edité, y escribimos otras juntos.

Cuando te enfrentas a una situación que no puedes entender, a veces las matemáticas te pueden ayudar. Escribir estas historias probó cuán bien podíamos pensar en un misterio, y leerlas probará cuán bien tú puedes resolverlas usando matemáticas. ¡Espero que te gusten!

Natalie

Math at Home

Matemáticas en casa

1 Heavy Toll

"A speeding ticket? What?" Suzy's father said as he opened the day's mail.

"What's the matter, Daddy?" Suzy asked.

"Well, Suzy, this ticket says that we were speeding on the toll road we took when we were driving back from the state science fair last weekend," he explained.

As drivers entered the road, they got a receipt showing the time and exit number. The exit numbers were also mileage markers. When they got off the road, drivers had to pay different amounts depending on how far they went.

"Are you sure they're right?" Suzy asked. "What does it say?"

"Well, it says that we got on at exit 64 at 12:13 p.m., then got off the road at exit 148 at 1:33 p.m.," he said. "And it says the speed limit was 55 miles an hour. I thought it was 65. How can they know if we were speeding?" he asked. "I didn't see any police cars."

"It's too bad, but they're right," Suzy said.

"How do you know?" he asked.

Cuota pesada

1

—¿Qué? ¿Una multa por exceso de velocidad? —exclamó el padre de Suzy al abrir la correspondencia del día.

—¿Qué pasa, papá? —preguntó Suzy.

—Bueno, Suzy, esta multa indica que estábamos manejando a exceso de velocidad en la autopista de cuota cuando regresábamos de la feria científica estatal la semana pasada —explicó.

Al entrar en la autopista, a los conductores se les entrega un recibo que muestra la hora y el número de la salida. Los números de las salidas también marcaban las millas. Al salir de la autopista, los conductores pagan el monto correspondiente a la distancia que han recorrido.

—¿Estás seguro de que tienen razón? —preguntó Suzy—. ¿Qué dice la multa?

—Bueno, dice que entramos por la salida 64 a las 12:13 p.m., y luego nos salimos de la carretera por la salida 148 a la 1:33 p.m. —dijo—. Y dice que el límite de velocidad era de 55 millas por hora. Creía que era de 65. No vi ningún carro de la policía.

—Qué lástima, pero tienen razón —respondió Suzy.

—¿Cómo lo sabes? —preguntó él.

Heavy Toll

"If we got on the road at 12:13 and got off at 1:33, that means we were on the road for 1 hour and 20 minutes, or 80 minutes," Suzy explained. "Since the exit numbers are mileage markers, the distance between exits 64 and 148 is 84 miles: 148 minus 64. That means we went 84 miles in 80 minutes. That's more than 1 mile per minute, which is more than 60 miles per hour. So we were speeding, since the speed limit was 55 miles per hour."

"To figure it out exactly," she added, "84 miles divided by 80 minutes makes 1.05 miles per minute. Multiplying 1.05 miles per minute by 60 minutes in 1 hour to get miles per hour means we averaged 63 miles per hour."

"Well, we were going less than that for some of the time," her father said.

"Yes, but to average 63 miles an hour, we must have been going faster than that at other times," she said. "I hope that ticket isn't too expensive."

Cuota pesada

—Si entramos a las 12:13 y salimos a la 1:33, significa que estuvimos en la autopista por una hora y veinte minutos, u 80 minutos —explicó Susy—. Como los números de las salidas indican el millaje, la distancia entre las salidas 64 y la 148 es de 84 millas: 148 menos 64. Quiere decir que viajamos 84 millas en 80 minutos. Eso es más de una milla por minuto, lo cual es más de 60 millas por hora. Entonces sí íbamos a exceso de velocidad, ya que el límite de velocidad era de 50 millas por hora.

—Para calcularlo con exactitud —continuó—, 84 millas divididas entre 80 minutos son 1.05 millas por minuto. Si multiplicamos 1.05 millas por minuto por los 60 minutos que hay en una hora para sacar las millas por hora, obtenemos un promedio de 63 millas por hora.

—Bueno, pero íbamos a menos de eso durante parte del tiempo —dijo el padre.

—Sí, pero para promediar 63 millas por hora, debimos haber estado viajando aún más rápido que eso durante otros momentos —respondió ella—. Espero que la multa no sea muy alta.

2 Roll of the Dice

"Five-minute warning, kids!" came their father's voice from the back yard.

He was grilling dinner, and he meant it was time for the table to be set. That was one of the three chores that Kimberly, Quentin, and Brian split each evening. The other chores were cleaning up after dinner and taking out the recycling and the trash. The chores were about equal, but, like many evenings, no one wanted to go first.

Kimberly, who was seven years old, was playing backgammon with Quentin, who was nine, on the screened-in porch where they ate supper during the summer. Eleven-year-old Brian was watching the game.

"Whose turn is it to set the table?" Kimberly asked.

Quentin and Brian shrugged. They didn't remember either.

"How about we toss a pair of dice for it?" Quentin suggested. "Whosever age comes up first sets the table, and whosever age comes up second clears it."

"That seems fair," Kimberly said.

"No, it's not," Brian said

"Sure it is," Quentin said. "You can't control how the dice will come out, so each of us has an equal chance of our age coming up. What can be fairer than that?"

"It's true, you can't control how the dice will come out," Brian said, "but that doesn't mean our ages have an equal chance of coming up."

"Why wouldn't they?" Kimberly asked.

Juego de azar

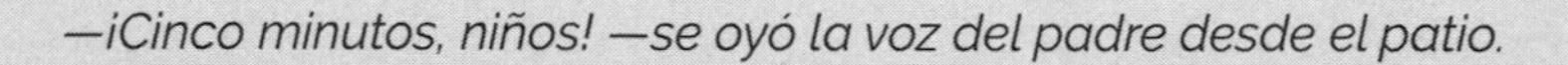

—¡Cinco minutos, niños! —se oyó la voz del padre desde el patio.

Estaba asando la cena en la barbacoa, y les estaba llamando para poner la mesa. Esta era una de las tareas que Kimberly, Quentin y Brian se turnaban cada noche; las otras tareas eran limpiar después de cenar y sacar la basura y el material de reciclaje. Las tareas eran casi iguales; sin embargo, al igual que todas las noches, nadie quería ser el primero.

Kimberly, de siete años, jugaba backgammon con Quentin, de nueve, en el balcón encerrado donde cenaban durante las noches de verano. Brian, de once años, observaba el juego.

—¿A quién le toca poner la mesa? —preguntó Kimberly.

Quentin y Brian se encogieron de hombros. Tampoco recordaban.

—¿Qué les parece si lanzamos los dados para ver a quién le toca? —sugirió Quentin—. Aquel que tenga la edad que salga primero pondrá la mesa, y el que tenga la edad que salga segundo la limpiará.

—Me parece justo —dijo Kimberly.

—No, no lo es —respondió Brian.

—Claro que sí —dijo Quentin—. No podemos controlar el resultado de los dados, por lo que cada uno de nosotros tiene las mismas probabilidades de que le salga la edad. ¿Qué podría ser más justo que eso?

—Es cierto que no podemos controlar el resultado de los dados —respondió Blake—, pero eso no significa que nuestras edades tengan las mismas probabilidades de salir.

—¿Por qué no las tendrían? —preguntó Kimberly.

Roll of the Dice

"When you roll two dice, the combined numbers can fall between two and twelve," Brian said. "There's only one way to get a two—a one on both dice—and only one way to get a twelve—a six on both. There are two ways to get a three or an eleven. To get a three, you can have a one on the first die and a two on the second, or a two on the first die and a one on the second. To get an eleven, you can have a six on the first die and a five on the second, or a five on the first die and a six on the second."

"The pattern goes on that way," Brian said. "There are three ways to get either a four or a ten, four ways to get a five or a nine, five ways to get a six or an eight, and six ways to get a seven. That means that when you roll two dice, the number most likely to come up is seven. Since Kimberly is seven years old, she's the most likely one to have to set the table."

"It won't necessarily happen that way, though," Quentin said. "Any number from two through twelve still can come up."

"True," Brian said. "But we're talking about probability here. On any roll of two dice, the number most probable to come up is Kimberly's seven. And your age of nine, Quentin, is more probable to come up than my age of eleven."

Juego de azar

—Cuando se tiran dos dados, el resultado de la combinación de números puede caer entre los números dos y doce —explicó Brian—. Sólo hay una combinación posible para obtener un dos con uno -uno en ambos dados- y sólo hay una combinación para obtener un doce -seis en ambos dados. Sólo hay dos combinaciones posibles para obtener un tres o un once. Para obtener un tres, se puede sacar un uno en un dado y un dos en el segundo, o un dos en el primero y un uno en el segundo. Para obtener un once, puedes sacar un seis en el primer dado y un cinco en el segundo, o un cinco en el primero y un 6 en el segundo.

—El patrón continúa de esa manera —dijo Brian—. Hay tres combinaciones para obtener ya sea un cuatro o un diez; cuatro combinaciones para obtener un cinco o un nueve; cinco para obtener un seis o un ocho, y seis para obtener un siete. Eso significa que cuando se lanzan dos dados, el número siete es el que tiene más probabilidades de salir. Como Kimberly tiene siete años, ella tiene la mayor probabilidad de tener que poner la mesa.

—Pero no necesariamente resultará de esa manera —dijo Quentin—. Cualquier número entre dos y doce puede salir.

—Es cierto —dijo Brian—, pero estoy hablando de probabilidades. Cada vez que tiremos los dados, el número que tiene más probabilidades de salir es el siete de Kimberly, y es más probable que salga tu edad de

Pancake Mix-Up

"Mooommm!" Meg yelled from the kitchen. "Can you please come down here?"

Meg's family and two other families had rented a house at a ski resort for a long weekend. Each family was going to cook and clean up for one of the three days. It was the morning of Meg's family's day.

While Meg's mother finished getting dressed, Meg went into the kitchen and started preparing the pancake mix. They had brought individual-sized serving packages of mix. They also had several boxes of cereal and bread to make toast, but everyone had said they wanted pancakes.

"I'll be there in a minute, Meg. What's the problem?" her mother called.

"I have everything ready to make the pancakes, but each of these packages needs two-thirds of a cup of milk, and there's no two-thirds measuring cup in this kitchen," Meg called. "All they have is a three-fourths measuring cup. Can I just estimate?"

"Not if you want the pancakes to be any good," her mother replied.

"Never mind," Meg said a moment later. "I have the solution."

"What did you do?" her mother asked as she walked into the kitchen.

Manos en la masa

3

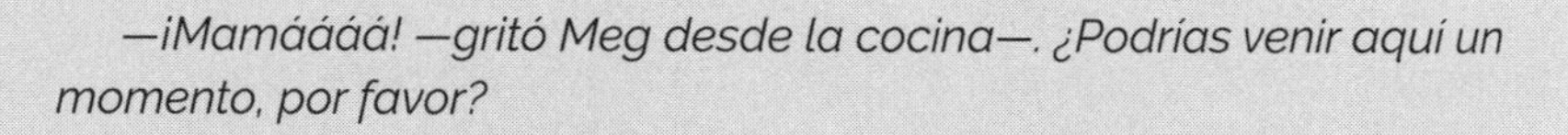

—¡Mamáááá! —gritó Meg desde la cocina—. ¿Podrías venir aquí un momento, por favor?

La familia de Meg y otras dos familias habían alquilado una casa en un centro de esquí durante un fin de semana largo. A cada familia le tocaba cocinar y limpiar uno de los tres días que iban a permanecer allí. Era la mañana del día que le tocaba a la familia de Meg.

En lo que la madre de Meg se terminaba de vestir, Meg fue a la cocina y empezó a preparar la masa para los panqueques. Habían traído paquetes con porciones individuales de la masa seca. También tenían varias cajas de cereal y pan para tostar, pero todos habían dicho que querían panqueques.

—Estaré ahí en un minuto, Meg. ¿Cuál es el problema? —preguntó su madre.

—Ya tengo todo listo para hacer los panqueques, pero para cada paquetito se necesitan 2/3 de una taza de leche y no hay una taza para medir esa cantidad en esta cocina —contestó Meg—. Solo tienen una taza de medir de 3/4. ¿Puedo usar estimados?

—No si quieres que los panqueques queden bien —le respondió su madre.

—Olvídalo —dijo Meg tras un momento—. Ya tengo la solución.

—¿Qué hiciste? —le preguntó la madre al entrar a la cocina.

Pancake Mix-Up

"I did some math. It's a question of least common multiples," Meg told her mother. "First, I figured out how many times you'd have to fill each kind of measure to reach a whole number. With the 3/4 measuring cup, to reach a whole number you'd need to use the measure 4 times. 4 times 3/4 is 12/4 (4 x 3/4 = 12/4), which gets simplified into 3. So filling that measure 4 times gives us 3 cups of milk.

"Each package of mix required 2/3 of a cup of milk. If we had a 2/3 measuring cup, you would need to fill it 3 times to get a whole number. 3 times 2/3 is 6/3 (3 x 2/3 = 6/3), which simplifies into 2. So, filling a 2/3 measuring cup 3 times would give us 2 cups of milk," she continued.

"All I had to do then was find the least common multiple of 3 and 2: the smallest number that is a multiple of both. That's 6. Since I would need to fill the 3/4 measuring cup 4 times to get 3 cups, I would need to fill it twice that many times, 8 times, to get 6 cups. I did that and put the milk in the bowl. And since 3 fillings of a 2/3 measuring cup would give us 2 cups, to get 6 cups I would need 3 times that many, or 9, to get the right amount of mix. So I added nine packages of the mix. I hope everyone's hungry!"

—Hice unos cuantos cálculos. Es cuestión del mínimo común múltiplo —le respondió Meg—. Primero, calculé cuántas veces tendría que llenar cada taza de medir para llegar a un número entero. Con la taza de medir de 3/4, habría que usar cuatro porciones para alcanzar un número entero. Cuatro por 3/4 es igual a 12/4 (4 x 3/4 = 12/4), lo cual se simplifica a tres. Por tanto, al llenar esa taza 4 veces tendría 3 tazas de leche.

—Cada paquete individual de mezcla requiere de dos tercios (2/3) de una taza de leche. Si tuviéramos una taza de medir de dos tercios (2/3), necesitaríamos llenarla tres veces para obtener un número entero; es decir, 3 por 2/3 es 6/3 (3 x 2/3 = 6/3), lo cual se simplifica a dos. Por tanto, al llenar la taza de medir de 2/3 tres veces tendría 2 tazas de leche —agregó Meg.

—Entonces, todo lo que tuve que hacer fue encontrar el mínimo común múltiplo de tres y dos: el número más pequeño que es múltiplo de ambos. Ese número es 6. Como para obtener 3 tazas de leche necesitaba llenar la taza de 3/4 cuatro veces, tendría que llenarla el doble de veces, o sea 8 veces, para obtener 6 tazas de leche. Eso hice, y eché la leche en el tazón. Y como 3 medidas de la taza de 2/3 nos hubieran dado 2 tazas, para obtener 6 tazas necesitaría 3 veces esa cantidad, o sea, 9 medidas para conseguir la cantidad correcta de mezcla. Así que, agregué nueve paquetes de masa. ¡Espero que todos tengan hambre!

Toss-Up

"These cookies must be for me," Dylan said.

"No, they must be for me," Isaac said.

Dylan and Isaac's travel basketball team had stopped for dinner at Dylan's house after a game. Dylan's mother had made a fantastic dinner, and everyone, except Dylan and Isaac, was too full for the cookies Dylan's father had baked.

Isaac said, "Let's toss for them. Cookie by cookie." He got out a quarter. "I'll toss, you call," he said.

"Heads," Dylan said.

It came up tails. Isaac ate a cookie.

"Heads," Dylan called on the second toss.

Tails again. Isaac ate another cookie.

"Heads," Dylan called again.

It came up tails again. Isaac ate a third cookie. By now the other boys were snickering.

"Heads again," Dylan said.

Tails once more.

"Maybe you should start calling tails," Isaac suggested. "I'm getting pretty full, eating all these cookies."

"No, I'll stick with heads," Dylan said. "I mean, what are the odds that it will come up tails again?"

"I can tell you the odds exactly," Isaac said.

Dylan looked surprised. "How did you figure it out that fast?" he asked.

Cara o cruz

4

Estas galletas deben ser para mí —dijo Dylan.

—No, deben ser para mí —dijo Isaac.

El equipo de baloncesto itinerante de Dylan e Isaac había parado a cenar en la casa de Dylan después del juego. La mamá de Dylan había preparado una cena fantástica, y todos, excepto Dylan e Isaac, estaban demasiado llenos para comerse las galletas que el papá de Dylan había preparado.

—Lancemos una moneda por ellas. Galleta por galleta —dijo Isaac al sacar una moneda de 25.

—Yo lanzo y tú adivinas —dijo.

—Cara —declaró Dylan.

Salió cruz. Isaac se comió una galleta.

—Cara —anunció Dylan la segunda vez.

Cruz de nuevo. Isaac se comió otra galleta.

—Cara —dijo Dylan otra vez más.

Salió cruz de nuevo. Isaac se comió una tercera galleta. Para este momento los demás chicos habían empezado a reírse.

—Cara otra vez —dijo Dylan.

Cruz otra vez más.

—Tal vez deberías empezar a pedir cruz —sugirió Isaac—, me estoy empezando a llenar con todas estas galletas.

—No, sigo con cara —dijo Dylan—. Digo, ¿cuál es la probabilidad de que salga cruz de nuevo?

—Te puedo decir la probabilidad exacta —dijo Isaac.

Dylan se sorprendió.

—¿Cómo la calculaste tan rápido? —preguntó.

Toss-Up

"The chances are even that on any coin toss, either heads or tails will come up," Isaac said. "It doesn't matter what happened on any previous tosses. The odds are still 50-50 that it will come up one way or the other the next time."

"By the way," Isaac added, "it's easy to figure out the odds of a coin toss coming up one way or the other five times in a row. You double the result each time. The chance of a coin coming up one way or the other is 1 in 2 the first toss. The chance of it coming up a certain way each time is 1 in 4 for two tosses, 1 in 8 for three tosses, 1 in 16 for four tosses and 1 in 32 for five tosses. But that's just the odds against that happening in general. On any given toss of the coin, the odds are always 50-50."

Cara o cruz

—La probabilidad es la misma de que en cualquier lanzada de monedas salga cara o cruz —dijo Isaac—. No importa lo que haya pasado en las lanzadas anteriores. La posibilidad sigue siendo 50-50 que saldrá un lado o el otro la próxima vez.

—Por cierto —añadió Isaac—, es fácil calcular la probabilidad de que una moneda salga de un lado o del otro cinco veces corridas. Doblas el resultado cada vez. La posibilidad de que la moneda salga de un lado o del otro la primera vez es 1 en 2. La probabilidad de que salga del mismo lado cada vez es 1 en 4 si lanzas dos veces, 1 en 8 si lanzas tres veces, y 1 en 32 si lanzas cinco veces. Pero esas solo son las probabilidades de que ocurra eso en general. Al lanzar una moneda las probabilidades siempre son 50-50.

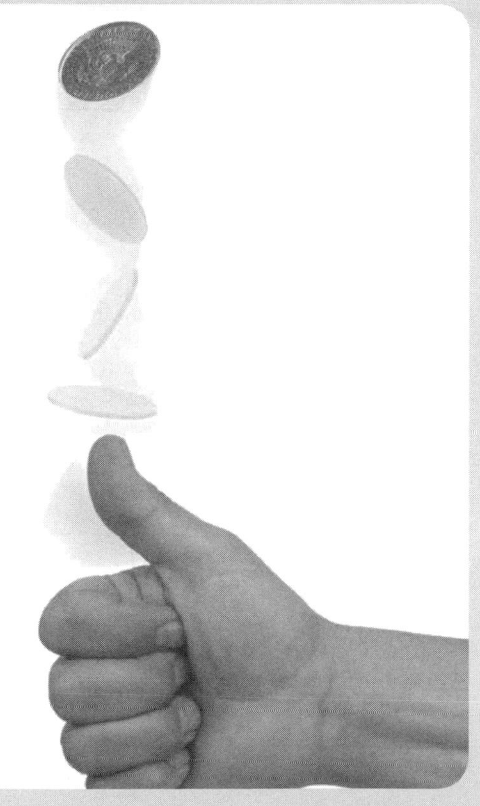

5 Flooring Them

Lily and Robert agreed with their parents that it was time to replace the worn-out kitchen floor. It was cracked, stained, and impossible to clean.

But picking new tiles was a different matter. Their parents had brought home half a dozen samples from the tile store and laid them out around the kitchen. Although the floor was 10 feet by 12 feet and the samples were only 1 square foot, they were big enough for everyone to get a feel for how they would look.

In the end it came down to a choice of two kinds of tiles. The imitation granite tiles came in boxes of 25 for $100 a box. The imitation marble tiles came in boxes of 50 for $150 a box. In both cases, they had to buy an entire box, and unused tiles couldn't be returned for a refund.

Everyone in the family agreed that they liked the two kinds equally—the decision was just a matter of which was cheaper.

"Let's buy the granite ones," Robert said. "We'll have a lot less left over."

"But aren't we trying to save money?" Lily asked.

"That's what I meant," Robert said.

"Well, that's what I mean, too, and I think we should go with the marble ones," she said.

As usual, the argument ended with an appeal to their parents.

"Okay, each of you tell us why you think one tile will save more money than the other," their father said.

Pisoteados

5

Lily y Robert estaban de acuerdo con sus padres que era hora de reemplazar el piso desgastado de la cocina. Estaba agrietado, manchado, y era imposible limpiarlo.

Pero escoger los mosaicos nuevos no era fácil. Sus padres habían traído a casa una docena de muestras de la tienda de mosaicos y las colocaron alrededor de la cocina. A pesar de que el piso medía 10 por 12 pies y las muestras eran de un pie cuadrado, las piezas eran lo suficientemente grandes para darles una idea de cómo se verían en el piso. Al final, la decisión quedó entre dos tipos de mosaicos.

Los mosaicos de imitación de granito venían en cajas de 25 unidades a $100 cada una y los de imitación de mármol venían en cajas de 50 a $150 cada una. En ambos casos tendrían que comprar una caja completa y los mosaicos que sobraran no se podrían devolver a cambio de un reembolso.

Todos en la familia acordaron que les gustaban igualmente los dos tipos de mosaicos; la decisión final sería basada en cuál saldría más económico.

—Compremos los de imitación de granito —dijo Robert—. Nos sobrarán muchos menos.

—Pero estamos tratando de ahorrar dinero, ¿no es cierto? —preguntó Lily.

—A eso me refiero —contestó Robert.

—Pues, a eso me refiero yo también, y pienso que debemos comprar los de mármol —dijo ella.

Como de costumbre, el desacuerdo acabó siendo elevado a los padres.

—Está bien, cada uno de ustedes díganos por qué un tipo de mosaico nos ahorrará más dinero que el otro —dijo el padre.

Flooring Them

Robert said, "Well, the area that needs to be covered is 10 feet by 12 feet. That's 120 square feet: 10 times 12. If we buy the granite tiles, which come in boxes of 25, we'd need 5 boxes: 5 times 25 is 125. We'd have 5 tiles left over: 125 minus 120. Since it costs $100 for a box of 25, each tile costs $4, or 100 divided by 25. With 5 left over, we're wasting $20, 5 leftover tiles times $4 apiece."

He continued, "With the marble tiles, there's 50 in a box, so we'd need three boxes to cover the 120 square feet, 3 times 50 is 150. We'd have 30 left over, or 150 tiles minus 120 square feet. Since those boxes cost $150 each, each tile costs $3, or $150 divided by 50. So we'd be wasting $90, 30 leftover tiles times $3 apiece."

"True," Lily said, "but it's a question of how much we're spending in total. The 5 boxes of granite tiles would cost $500: 5 x $100. The 3 boxes of marble tiles would cost only $450: 3 x $150. So we'd be saving $50 by buying the marble tiles, even though we would have more tiles left over."

"Lily's idea actually would save us money," their mother said. "Let's go with the marble tiles."

Pisoteados

—Bueno —dijo Robert—, el área que tenemos que cubrir es de 10 por 12 pies. Eso es 120 pies cuadrados: 10 por 12. Si compramos los mosaicos de granito, que vienen en cajas de 25, necesitaremos 5 cajas: 5 por 25 es 125. Nos sobrarán 5 piezas: 125 menos 120. Como cada caja de 25 cuesta $100, cada mosaico cuesta $4, o 100 dividido entre 25. Con 5 de sobra, estaríamos desperdiciando $20, es decir, 5 mosaicos sobrantes multiplicado por $4 por pieza.

—Con los mosaicos de mármol —continuó Robert—, que vienen en cajas de 50 piezas, necesitaríamos 3 cajas para cubrir los 120 pies cuadrados, 3 multiplicado por 50 es 150. Como cada una de esas cajas cuesta $150, cada mosaico tiene un precio de $3, o 150 dividido por 50. Así que, estaríamos desperdiciando $90, 30 piezas sobrantes multiplicadas por $3 por mosaico.

—Es cierto —dijo Lily—, pero la pregunta es cuánto vamos a gastar en total. Las 5 cajas de mosaico de granito nos costarían $500: 5 x $100. Las 3 cajas de mosaicos de mármol nos costarían solo $450: 3 por $150. Por tanto, ahorraríamos $50 comprando las de mármol, a pesar de que nos sobrarían más piezas.

—La idea de Lily nos ahorrará algo de dinero —dijo la mamá—. Compremos los mosaicos de mármol.

6 Compounding His Interest

"But Grandpa, college is a million years away!" Damien said.

Damien's family was having a party to celebrate his 8th grade graduation. He would be going to high school in the fall.

"I'm sure it seems like a long time to you," his grandfather said. "But it's time we started making sure you'll have enough money for college. So, here's what we're going to do. We've opened a bank account and put $1,000 in it for you."

"A thousand dollars!" Damien exclaimed.

"College is expensive," his grandmother said. "It's because we went to college that we can afford to do this. And we intend to do this each summer for the next four years, too. Plus, we're going to increase what we give you by 10% each year, because college is getting more expensive all the time."

"I don't know what to say, except thanks so much," Damien said. "Let's see, by the time I start college, I'll have . . . $5,400."

"Will you?" his grandfather asked.

Capitalizando sus intereses 6

—Pero abuelo, todavía falta mucho tiempo para que yo entre a la universidad —dijo Damien.

La familia de Damien estaba celebrando su graduación del octavo grado con una fiesta. El próximo otoño empezaría la escuela secundaria.

—Estoy seguro de que a ti te parece mucho tiempo —respondió el abuelo—. Sin embargo, es hora de que empecemos a asegurarnos de que tendrás suficiente dinero para la universidad. Entonces, esto es lo que haremos. Te hemos abierto una cuenta bancaria en la cual depositamos $1,000.

—¡Mil dólares! —exclamó Damien.

—La universidad es muy cara —dijo la abuela—. Es precisamente porque nosotros fuimos a la universidad que podemos ayudarte a financiar esto. Tenemos intenciones de hacer lo mismo cada verano durante los próximos cuatro años. Además, aumentaremos la cantidad que te damos por 10% cada año, porque la universidad está cada vez más cara.

—No sé qué decir, excepto muchas gracias —respondió Damien—. Veamos, para cuando empiece la universidad tendré . . . $5,400.

—¿Estás seguro? —preguntó el abuelo.

Compounding His Interest

"I see what you mean," Damien said. "It will be more. At first I thought that by adding ten percent next year and for the 3 following years, you were talking about 10% on the $1,000 each year. So that would have been $5,400: this year's $1,000 plus $1,100 for 4 more years.

"But you said you were going to increase what you gave by 10% each year, which means compound interest. So, next year you would give me $1,100: 10% more than $1,000. In the third year, it would be $1,210: 10% more than $1,100."

His grandfather took out a sheet of paper to do the rest of the calculations.

"In the fourth year, it would be $1,331, and in the fifth year, the year you finish high school, it would be $1,464. So it would come to $6,105 in all," he said. "That shows you the value of compound interest. You get interest each year not only on the original money, but also on the interest you got in earlier years."

"It's very generous of you. Thank you so much!" Damien said.

—Ya veo lo que dices —dijo Damien—. Será más. Al principio pensé que al agregar diez por ciento el próximo año y durante los 3 años siguientes, hablaban de 10% sobre los $1,000 cada año. Eso hubiera sido $5,400: los $1,000 dólares de este año más $1,100 durante 4 años adicionales.

—Pero ustedes dijeron que aumentarán lo que me dieron por 10% cada año, lo cual se refiere a la capitalización de intereses. Así, el próximo año me darán $1,100 dólares: 10% más que $1,000. Para el tercer año serán $1,210: 10% más que $1,100.

El abuelo sacó una hoja para hacer el resto de los cálculos y dijo:

—Para el cuarto año serían $1,331, y para el quinto, el año que terminarás el colegio, serían $1,464. Entonces, el total vendría a ser $6,105 —dijo—. Esto muestra el valor de capitalizar los intereses. Recibes intereses cada año, no sólo sobre el dinero original, sino también sobre los intereses que recibiste en los años anteriores.

—Son muy generosos. Muchas gracias —dijo Damien.

Setting the Date

One night, Elijah and Kevin were watching the debate for the upcoming presidential election. They were in Kevin's family room taking notes about the topics that were being discussed and the main points each candidate was making. There was going to be a quiz on the debate in their social studies class the next morning.

Kevin's younger brother, John, was sitting at the computer in the corner, working on the invitations for his birthday party, which was going to be on January 6th. He always had his party on the actual day of his birthday, even if it was a school day. He was getting excited about it already, even though it was more than two months away.

Kevin had helped him get started on the computer program, but had to move over to the TV when the debate came on.

John read aloud what he had written so far:

"You are invited to a party for John's birthday on . . . something, January 6th. Kevin, what day of the week is my birthday going to be? We don't have a calendar for next year yet."

"How should I know?" Kevin said. "I'm trying to watch this debate."

"Do you remember what day of the week your birthday was on earlier this year?" Elijah asked John.

"Sunday," John replied. "I remember we watched a pro football game on TV during the party."

"Well, then shouldn't it be obvious which day of the week your next birthday will be?" Elijah asked.

Fijando la fecha 7

Una noche, Elijah y Kevin estaban viendo el debate de las próximas elecciones presidenciales. Estaban en la sala, en casa de Kevin, tomando notas sobre los temas debatidos y los argumentos principales de cada candidato. La mañana siguiente tendrían un examen al respecto en su clase de Estudios Sociales.

El hermano menor de Kevin, John, estaba sentado en la computadora en una esquina de la sala, preparando las invitaciones para su fiesta de cumpleaños, que sería el 6 de enero. Siempre celebraba su fiesta el mismo día de su cumpleaños, aunque fuera un día de escuela. Ya se estaba emocionando con la idea, a pesar de que faltaban más de dos meses.

Kevin le había ayudado a empezar en el programa de la computadora, pero se había tenido que regresar al televisor cuando empezó el debate.

John leyó en voz alta lo que había escrito hasta el momento:

—Estás invitado a la fiesta de cumpleaños de John el día . . . lo que sea, 6 de enero. Kevin, ¿qué día de la semana es mi cumpleaños? Todavía no tenemos un calendario para el próximo año.

—¿Qué se yo? —respondió Kevin—. Estoy intentando ver este debate.

—¿Recuerdas en qué día de la semana cayó tu cumpleaños este año? —le preguntó Elijah a John.

—Domingo —contestó John—. Recuerdo que vimos un partido de fútbol profesional en la tele durante la fiesta.

—Bueno, ¿no es obvio el día de la semana en que caerá tu cumpleaños? —preguntó Elijah.

Setting the Date

"Oh, right," Kevin said. "Each year the day of the week that a date falls on is one day of the week later than the previous year. There are 365 days in a year, but 52 weeks at 7 days each is 364 days: 52 x 7. So there's 1 extra day, which pushes back the day of the week by 1. So a date that falls on a Sunday one year will fall on a Monday the next year. So put Monday, January 6th on your invitation," he said to John.

"Actually, make it Tuesday, January 6th," Elijah said. "The rule Kevin said is true, except after leap years. In a leap year, there are 366 days, or two extra days, so a date the following year will fall two days later in the week. And this is a leap year, since presidential elections always happen in leap years. That means your birthday will fall two days later, on a Tuesday."

Fijando la fecha

—Claro —respondió Kevin—. Cada año, el día de la semana en que cae una fecha es un día siguiente que el año anterior. El año tiene 365 días; sin embargo, cincuenta y dos semanas de siete días equivalen a 364 días: 52 x 7. Así que, hay un día adicional que cambia el día de la semana, uno a la vez. Por consiguiente, una fecha que cae en domingo un año caerá en lunes el año siguiente. Así que, escribe lunes, 6 de enero en la invitación —le dijo a John.

—Mejor escribe martes, 6 de enero —dijo Elijah—. La regla que te explicó Kevin es la correcta, excepto para los años bisiestos. Un año bisiesto tiene 366 días, o dos días adicionales, por lo cual, el año siguiente, una fecha particular caerá dos días de la semana más tarde que el año anterior. Este año es bisiesto por que las elecciones presidenciales siempre caen en años bisiestos. Eso significa que tu cumpleaños será dos días más tarde, o sea un martes.

8 Corralling the Problem

Nicole's little sister Valerie loved play sets. She had several of them set up in their family room, which her family called Valerie Land. There were houses, a petting zoo, a bakery, and lots of farm animals. She especially loved horses.

At her birthday party, she got several sets of horses, including one set that had 40 plastic fence pieces, each one centimeter long, that could be snapped together to make a straight line or right angles. After the guests went home, Valerie started to build the fence.

"I hope this corral is big enough to hold all my horses," she told Nicole.

Nicole knew that would be a challenge because Valerie had a lot of horses.

Valerie arranged the fence pieces into a rectangle that was much longer on two of the sides than on the other two, but she couldn't fit all the horse figures inside of it.

"We don't have enough fence pieces," she said. "We need to buy more."

"Before we do that, let me try to help," Nicole said, starting to rearrange the pieces.

"What difference will that make?" Valerie asked. "We have the same number of pieces no matter what shape we make."

Cuadrando el corral 8

A la hermanita de Nicole, Valerie, le encantaban los juguetes de escenarios en miniatura. Tenía varios armados en la sala, que su familia llamaba "Valerimundo". Había casas, un zoológico interactivo, una panadería, y muchos animales de granja. Sobre todo, le encantaban los caballos.

En su fiesta de cumpleaños, recibió varios juegos de caballos, entre ellos uno que tenía 40 piezas plásticas para armar un corral; cada pieza de 2.5 centímetros de longitud podía ser conectada con las otras para crear líneas rectas o ángulos rectos. Cuando se habían marchado las visitas, Valerie empezó a armar la cerca.

—Espero que este corral sea suficientemente grande para contener todos mis caballos —le dijo a Nicole.

Nicole sabía que eso sería un reto porque Valerie tenía muchos caballos.

Valerie armó las piezas en forma de un rectángulo con dos lados mucho más largos que los otros dos, pero no logró colocar dentro de él todos los caballos.

—No tenemos suficientes piezas —dijo ella—. Tenemos que comprar más.

—Antes de hacer eso, permíteme ayudarte —dijo Nicole, empezando a reorganizar las piezas.

—¿Qué diferencia hará? —preguntó Valerie—. Tendremos el mismo número de piezas, independientemente de la forma que armemos.

Corralling the Problem

“Let’s arrange the fence pieces into a square,” Nicole said. “We have 40 pieces, so a square would have 10 pieces on each side. The area of a square is the width times the length: 10 x 10, or 100 square centimeters.

“Let’s say you make a rectangle that’s as close as you can get to a square. That would be 9 pieces in one direction and 11 in the other. That gives an area of 99 square centimeters: 9 x 11. That’s not much of a difference, but 99 is smaller than 100. Or, a rectangle that’s 8 pieces one way and 12 the other would have an area of 96 square centimeters: 8 x 12. If you go all the way to a rectangle that’s 1 piece one way and 19 pieces the other way, you have an area of only 19 square centimeters: 1 x 19. So a square is the shape that will enclose the most space. Let’s see if all of your horses can fit into a square.”

They did fit. As Nicole watched, she thought to herself: I didn’t want to confuse her, but a square is actually a type of rectangle, since a rectangle is a four-sided object with all straight lines, four right angles, and opposite sides of equal length. A square is a kind of rectangle where all four sides are the same length. I used the word rectangle in the sense that people usually think about it, where one pair of sides is longer than the other pair.

Cuadrando el corral

—Organicemos las piezas formando un cuadrado —dijo Nicole—. Tenemos cuarenta piezas, por lo que un cuadrado tendrá diez piezas en cada lado. El área de un cuadrado es la longitud del lado ancho, multiplicado por el lado largo, 10 por 10, o 100 centímetros cuadrados.

—Supongamos que haces un rectángulo lo más cercano posible a un cuadrado. Eso sería 9 piezas en una dirección y 11 en la otra. Eso nos dará un área de 99 centímetros cuadrados: 9 x 11. Eso no es gran diferencia, pero 99 es menos que 100. Alternativamente, un rectángulo con dos lados de 8 piezas y 12 en los otros dos tendrá un área de 96 centímetros cuadrados: 8 x 12. Si continúas hasta llegar a un rectángulo de 1 pieza en una dirección y 19 en la otra, tendrás un área de solo 19 centímetros cuadrados: 1 x 19. Por lo tanto, un cuadrado es la figura que contiene el mayor espacio. Veamos si todos tus caballos caben en un cuadrado.

Cupieron. En lo que Nicole observaba, pensó para sí misma:

—No quise confundirla, pero en realidad un cuadrado es un tipo de rectángulo, ya que un rectángulo es un objeto de cuatro lados con líneas rectas, cuatro ángulos rectos, y lados contrarios de la misma longitud. El cuadrado es un tipo de rectángulo cuyos cuatro lados tienen la misma longitud. Utilicé la palabra rectángulo en el sentido en que las personas lo interpretan comúnmente, donde un par de lados es más largo que el otro par.

9 It's a Gas

"No kidding, we're getting a new car?" Olivia said excitedly as she came into the living room, where her parents and her brother Daniel had spread out information about new cars. Their old one had lasted ten years, but now it was time for a new one.

Daniel had his eye on a sports car that would cost $27,000.

Their mother liked a van that would cost $25,000, while their father was leaning toward an SUV that would cost $29,000. Olivia liked a hybrid that would cost $28,000, but they all agreed that they would be happy with any of them.

"In that case, shouldn't we just get the least expensive one?" Daniel asked.

"It's not just the purchase price, it's also how much it costs to run it," their mother said. "The maintenance costs seem about the same. The main thing is gas, which costs about $2 a gallon now. The sports car and the van each get 25 miles to the gallon, the SUV gets 20, and the hybrid gets 40."

Their father added, "We drive an average of 10,000 miles a year. We'd probably keep the new car as long we kept the car we have now."

Olivia thought for a minute.

"Then math alone won't make the decision for us," she said.

"What do you mean?" their mother asked.

Alto kilometraje 9

—¿En serio? ¿Vamos a comprar un auto nuevo? —preguntó Olivia con entusiasmo al entrar a la sala. Sus padres y su hermano Daniel habían desplegado información sobre autos nuevos. El auto que tenían les había durado diez años, pero ya era el momento de adquirir uno nuevo.

Daniel tenía la mirada puesta sobre un auto deportivo que costaría $27,000. A su madre le gustaba una camioneta familiar tipo minivan de $24,500, mientras que su padre se inclinaba hacia un todoterreno de $29,000. A Olivia le llamaba la atención un híbrido de $28,000 dólares; sin embargo, todos concordaron con que estarían felices con cualquiera de las alternativas.

—En ese caso, deberíamos comprar el más barato, ¿no? —preguntó Daniel.

—No se trata solo del precio de compra, también son importantes los gastos de operación —respondió la madre—. Los gastos de mantenimiento parecen ser más o menos los mismos. El mayor gasto es el combustible; que ahora mismo está cómo a $2 por galón. El auto deportivo y la minivan rinden 25 millas por galón, el todoterreno rinde 20 y el híbrido 40.

El padre agregó:

—Manejamos un promedio de 10,000 millas al año. Es probable que conservemos el auto nuevo por la misma cantidad de tiempo que mantuvimos el auto que tenemos ahora.

Olivia pensó por un momento.

—Entonces, los cálculos matemáticos en sí no bastarán para tomar la decisión.

—¿A qué te refieres? —preguntó la madre.

—Estoy de acuerdo —dijo el padre—. Utilizar menos combustible es mejor para el ambiente.

It's a Gas

"Well, to find out how much we'd spend on gas with each one, we need to know how many total miles we will drive it. If we expect to keep the car for 10 years and drive 10,000 miles a year on average, that's 100,000 miles: 10,000 x 10," Olivia said. "To figure out how much gas we would use, you divide those 100,000 miles by the miles per gallon each car gets."

Daniel said, "The sports car and the van that get 25 miles per gallon would use 4,000 gallons each over 100,000 miles. The SUV that gets 20 miles per gallon would use 5,000 gallons, and the hybrid that gets 40 miles per gallon would be half of that, 2,500 gallons."

"At $2 a gallon," Olivia said, "the sports car and van each would use $8,000 of gas, the SUV $10,000 and the hybrid $5,000."

"Finally, add the cost of the gas to the cost of the car," Daniel said. "For the sports car, that's $27,000 plus $8,000 = $35,000. For the van, that's $25,000 plus $8,000 = $33,000. For the SUV, that's $29,000 plus $10,000 = $39,000. And for the hybrid, that's $28,000 plus $5,000 = $33,000."

"That means the van and the hybrid would cost the least but the same in total: $33,000." Olivia said. "That's what I meant when I said that math alone won't make the decision for us."

"I guess we don't really need the extra space in the van, so I'd say we should buy the hybrid," their mother said.

"I agree," their father said. "Burning less gas is better for the environment."

Alto kilometraje

—Bueno, para calcular cuánto tendríamos que gastar en combustible con cada vehículo necesitamos saber cuántas millas lo conduciremos. Si suponemos que conservaremos el auto por diez años y lo conduciremos por un promedio de 10,000 millas anuales, tenemos un total de 100,000 millas: 10,000 x 10 —respondió Olivia—. Para calcular cuánto combustible utilizaríamos, se dividen las 100,000 millas entre el millaje por galón de combustible de cada auto.

Daniel dijo:

—El auto deportivo y la minivan que recorren 25 millas por galón, usarían 4,000 galones cada uno para cubrir las 100,000 millas. El todoterreno que recorre 20 millas por galón, utilizaría 5,000 galones; y el híbrido que recorre 40 millas por galón, utilizaría la mitad, es decir 2,500 galones.

—A $2 por galón —agregó Olivia— el auto deportivo y la minivan usarían $8,000 en combustible, el todoterreno $10,000, y el híbrido $5,000.

—Por último, agreguen el costo del combustible al precio de compra —intervino Daniel—. Para el auto deportivo, serían $27,000 + $8,000 = $35,000. Para la minivan, serían $25,000 + $8,000 = $33,000. Para el todoterreno, $29,000 + $10,000 = $39,000. Y para el híbrido, $28,000 + $5,000 = $33,000.

—Eso significa que la minivan y el híbrido tendrían el menor costo, pero costarían lo mismo en total: $33,000 —dijo Olivia—. A eso me refería cuando dije que los cálculos matemáticos por sí mismos no resolverían el asunto.

—Realmente no necesitamos el espacio adicional de la minivan, por lo que creo que deberíamos comprar el híbrido —dijo la madre.

—Estoy de acuerdo —dijo el padre—. Utilizar menos combustible es mejor para el ambiente.

10 Cover Up

As a birthday present to her little sister Laura, Miranda had promised to paint the inside of the family playhouse for her.

Years before, their father had painted the walls and floor pink, Miranda's favorite color. But since Laura was the one who mainly used it now, and her favorite color was blue, she wanted the pink covered up.

Miranda measured the inside of the playhouse. The two longer sides were 3 meters long and 2 meters high, and the ends were 2 meters long and 2 meters high. Above that was the inside of the roof, which didn't need to be painted. Her father warned her that covering up the pink would require two coats of paint.

Later at the hardware store, Laura chose a shade of blue that she liked.

"Okay, here's a can that says it will cover 55 square meters," Miranda said. "Each longer side of the playhouse is 6 square meters: 3 x 2. Together they would be twice that, or 12 square meters. The ends are 4 square meters each: 2 x 2. So together they would be twice that, or 8 square meters. In total, 12 plus 8 is 20 square meters. Painting that twice means I need to cover 40 square meters: 2 x 20. So a can that covers 55 square meters will be enough."

Since she was paying for it out of her own money, Miranda didn't want to buy too much.

"That's enough to cover the walls, but don't forget you have to paint the floor, too," her father said.

"Oops! I didn't measure the floor," Miranda said.

"Should we drive back home to measure it?" Laura asked. "Or should you just buy an extra can of paint to be sure you have enough?"

Encubrimiento

10

Como regalo de cumpleaños para su hermana menor Laura, Miranda había prometido pintarle el interior de la casita de muñecas.

Años atrás, su padre había pintado las paredes y el piso de rosado, el color preferido de Miranda. Sin embargo, como Laura era quien más la utilizaba ahora, y su color favorito era azul, quería que cubrieran el rosado.

Miranda midió el interior de la casita. Los dos lados más largos midieron 3 metros de longitud y 2 metros de altura, y los extremos midieron 2 metros de longitud y 2 de altura. Aparte de los costados, estaba el techo, pero este no necesitaba que lo pintaran. El padre le advirtió que para cubrir el color rosa necesitarían dos capas de pintura.

Más tarde ese día, en la ferretería, Laura escogió el tono de azul que le gustaba.

—Bien, aqui hay una lata de pintura que indica que alcanza para cubrir 55 metros cuadrados —dijo Miranda—. Cada costado largo de la casa mide 6 metros cuadrados: 3 x 2. Juntos serán el doble de eso, o sea, 12 metros cuadrados. Los extremos son de 4 metros cuadrados cada uno: 2 x 2. Los dos juntos serán el doble de eso, o sea, 8 metros cuadrados. Y 12 más 8 es igual a 20 metros cuadrados. Para ponerle dos capas de pintura tengo que cubrir un total de 40 metros cuadrados: 20 x 2. Entonces, una lata que cubre 55 metros cuadrados será suficiente.

Como Miranda iba a pagar la pintura con su propio dinero, no quería gastar más de la cuenta.

—Esa cantidad será suficiente para cubrir las paredes, pero no olvides que tienes que pintar el piso también —le dijo su padre.

—¡Uy! Olvidé medir el piso —contestó Miranda.

—¿Regresamos a la casa para medirlo? —preguntó Laura—. ¿O, qué tal si compras otra lata de pintura para estar segura de que tendrás suficiente?

Cover Up

"Neither," Miranda said. "Since we know the two longer sides of the playhouse are 3 meters long and the ends are 2 meters long, the floor must be a 3-meter by 2-meter rectangle, meaning its area is 6 square meters. Painting that twice means I have to cover another 12 square meters. So I need to paint 52 square meters: 40 + 12 in total. That means one can will still be enough."

Encubrimiento

—Ninguna de las dos —respondió Miranda—. Como sabemos que los costados largos de la casita miden 3 metros de longitud y los extremos 2, el piso debe ser un rectángulo de 2 metros por 3, o sea, un área de 6 metros cuadrados. Pasarle dos capas de pintura al piso significa que debo cubrir otros 12 metros cuadrados. Entonces, en total debo cubrir 52 metros cuadrados: 40 + 12. Quiere decir que una lata seguirá siendo suficiente.

Math Outside

Matemáticas en el campo

11 Tall Tale

Challenge Day was one of the highlights of the week at camp. The campers were sent off on all kinds of odd errands, such as finding animal fur, certain kinds of leaves, nuts, and other bits of nature.

Dominic and Vincent had ended up with what they were sure was the toughest assignment: figuring out the exact height of the lone tree in the center of the field. They almost had to laugh when they were given only two tools to do it: a yardstick and a large ball of string.

"This is impossible," Dominic said, squinting up at the top of the tree. It was a sunny day.

"It can't be impossible," Vincent said. "The counselor said that other guys have done it with the same things they gave us."

They thought for a while.

"Well, I have an idea," Dominic said, "but it's not going to be easy. One of us could hold the ball of string while the other one ties the end to his belt and climbs the tree. We could probably get close enough to the top to estimate how much is left, and then we could add that to the length of string from there to the ground."

"I don't think we'd like the result of that," Vincent said.

"Why not?" asked Dominic.

Un cuento largo

11

Día de los desafíos era uno de los más esperados en la semana del campamento. A los campistas se les enviaba a hacer toda clase de tareas extrañas, como, por ejemplo, encontrar pelo de animales, ciertos tipos de hojas, nueces, y otros pedacitos de naturaleza.

Dominic y Vincent estaban convencidos de que se les había encargado la tarea más difícil de todas: calcular la altura exacta del árbol solitario en el centro del campamento. Por poco sueltan carcajadas cuando les entregaron solo dos herramientas para hacerlo: una regla de una yarda de longitud y una gran bola de hilo.

—Es imposible —dijo Dominic, ojeando hasta la punta del árbol con los ojos entrecerrados. Era un día soleado.

—No puede ser imposible —dijo Vincent—. El consejero dijo que otros chicos lo han hecho con las mismas cosas que nos dieron a nosotros.

Pensaron por un rato.

—Bueno, tengo una idea —dijo Dominic—. Pero no será fácil. Uno de nosotros puede sostener la bola de hilo mientras que el otro se amarra un extremo del hilo al cinturón y trepa el árbol. Podríamos llegar lo suficientemente cerca a la punta como para estimar cuánto falta, y después podríamos agregar ese estimado a la longitud del hilo desde el punto al que alcanzamos hasta el suelo.

—No creo que nos gustará el resultado de eso —dijo Vincent.

—¿Por qué? —preguntó Dominic.

Tall Tale

"Even if the climber didn't fall out of the tree, we still wouldn't have an exact answer," Vincent said. "How about if we put one end of the yardstick on the ground, hold the stick straight up, mark the end of the shadow and measure the length of the shadow. Then, we'll run the string from the base of the tree to the tip of the tree's shadow, and use the yardstick to measure how much string was used."

"What good will that do?" Dominic asked.

"It's a matter of ratios," Vincent said. "The ratio of the yardstick's height to its shadow will be the same as the ratio of the tree's height to its shadow. Let's say the yardstick makes a 2 foot long shadow. That would be a ratio of 2 feet of shadow for every 3 feet in height. So, for every 2 feet of the tree's shadow, the tree would be 3 feet high. Say the tree's shadow is 40 feet. That would mean the tree is 60 feet high."

"What if we don't get such nice round numbers?" Dominic asked.

"It's just a matter of doing the math. We'll still get the answer," Vincent said. "And we won't have to climb the tree."

Un cuento largo

—Aun si el que se trepa al árbol no se cae, no tendríamos una respuesta exacta —dijo Vincent—. ¿Qué te parece si colocamos un extremo de la regla en el suelo, la sostenemos en posición recta, marcamos hasta dónde llega la sombra, y medimos la longitud de la sombra? Después tendemos el hilo desde la base del árbol hasta la punta de su sombra, y usamos la regla para medir cuánto hilo utilizamos.

—¿De qué nos sirve eso? —preguntó Dominic.

—Es cuestión de proporciones —respondió Vincent—. La proporción de la altura de la regla con su sombra será la misma proporción de la altura del árbol con su sombra. Supongamos que la regla proyecta una sombra de 2 pies de longitud. Esto representaría una proporción de 2 pies de sombra por cada 3 pies de regla. Por ende, por cada 2 pies de la sombra del árbol, el árbol va a medir 3 pies de altura. Digamos que la sombra del árbol mide 40 pies. Esto significaría que el árbol mide 60 pies de altura.

—¿Qué pasa si no obtenemos números enteros? —preguntó Dominic.

—Será asunto de hacer los cálculos. Igual obtendremos la respuesta —respondió Vincent—. Y no tendremos que trepar al árbol.

12 Raking Their Brains

"Hannah! . . . Would you please come out here already? Your sister, father, and I have been waiting for you for almost ten minutes!"

"Coming, Mom!" Hannah said. She thought to herself, I hate the middle of November, when all the leaves have fallen and we have to rake them.

After half an hour of raking leaves, Hannah had blisters all over her hands, but they were almost done. Only one more pile was left. The trouble was that the pile was in the middle of two rows of cars and vans, and they had to move it out to where the leaf collecting truck could get it.

"Hey, Juliet," Hannah called to her sister. "I'll race you, and whoever can rake their half of the pile to the other side of the cars first wins."

"Okay, but the loser has to clean up the rakes!"

They divided the pile into equal halves. Juliet looked at the two rows of vehicles on either side of her. The left row had 3 vans, parked 4 feet apart from each other. The right had 4 cars parked the same distance apart.

"Dad, how long are a car and a van?" Juliet asked.

"A car is about 15 feet, a van about 20," he said.

"We should each take one row to rake around," Hannah said.

"I'll take the one on the left," Juliet said.

"Okay."

"On your mark, get set . . . GO!" Juliet screamed.

After a few minutes of speed raking, Juliet proudly remarked that she was done.

"You cheater!" Hannah said.

"I did not cheat, Hannah. Look, I'll explain . . ."

Rascándose los sesos 

—¡Hannah! . . . ¿Puedes salir ahora mismo, por favor? ¡Tu hermana, tu papá y yo llevamos casi diez minutos esperándote!

—¡Ya voy, mamá! —dijo Hannah. Hannah penso para si misma, detesto los dias a mediados de noviembre, cuando todas las hojas se han caido y tenemos que rastrillarlas.

Tras media hora rastrillando hojas, Hannah tenía ampollas en las manos, pero ya casi terminaban. Solo faltaba rastrillar una pila más de hojas. El problema era que la pila estaba entre dos filas de autos y furgonetas, y tenían que moverlas hasta donde el camión recolector pudiera alcanzarlas.

—Oye, Juliet —le dijo Hannah a su hermana—. Hagamos una carrera; la primera en rastrillar su mitad de la pila de hojas al otro lado de los vehículos gana.

—Está bien. ¡Pero la perdedora tiene que limpiar los rastrillos!

Separaron la pila de hojas en partes iguales. Juliet le echó un vistazo a las filas de vehículos que tenía a cada lado. La de la izquierda tenía 3 furgonetas estacionadas a 3 pies de distancia una de la otra; la de la derecha tenía 4 autos estacionados a esa misma distancia uno del otro.

—Papá, ¿cuánto miden un auto y una furgoneta? —preguntó Juliet.

—Un auto como 15 pies y una furgoneta como 20 —le respondió.

—Cada una debería escoger una fila para rastrillar —dijo Hannah.

—Escojo la de la izquierda —dijo Juliet.

—Está bien.

—En sus marcas, listas . . . ¡FUERA! —gritó Juliet.

Después de unos minutos rastrillando a toda velocidad, Juliet anunció orgullosamente que había terminado.

—¡Tramposa! —le dijo Hannah.

—No hice trampa, Ana. Mira, te lo explicaré . . . —dijo Julieta—.

Raking Their Brains

Juliet said, "When you told me to pick a side, I did some estimating. On the left side, 3 vans, about 20 feet each. On the right side, 4 cars, about 15 feet each."

"So that's equal," Hannah said. "3 vans times 20 feet each is 60 feet on the left, and 4 cars times 15 feet each is 60 feet on the right."

"You're forgetting the distance between them: 4 feet each," Juliet said. "3 vans in a line means there were 2 gaps between them: a total of 8 feet. But the 4 cars have 3 gaps between them: a total of 12 feet. Even though it was only about 4 feet less on the left side, I thought it would be enough to help me win. Each time I went back for more leaves I was going 4 feet less and I had to rake them 4 feet less."

After Hannah cleaned the rakes, they had too much fun jumping in the leaves to talk about it anymore.

—Cuando me dijiste que escogiera una fila hice algunos estimados. En el lado izquierdo, hay tres furgonetas de unos 20 pies cada una. En el lado derecho, hay cuatro autos de 15 pies cada uno.

—Lo cual es equivalente —dijo Hannah—. Tres furgonetas multiplicadas por 20 pies cada una son 60 pies al lado izquierdo y 4 autos multiplicados por 15 pies cada uno son 60 pies al lado derecho.

—Estás olvidando tomar en cuenta la distancia entre cada vehículo: 4 pies —le dijo Juliet—. Tres furgonetas en fila significa que hay 2 espacios entre ellas: lo que da un total de 8 pies. Sin embargo, entre los 4 autos hay 3 espacios: un total de 12 pies. A pesar de que tan solo hay 4 pies menos en el lado izquierdo, pensé que sería suficientes para ayudarme a ganar. Cada vez que regresaba por más hojas caminaba 4 pies menos y también tenía que rastrillarlas 4 pies menos.

Después de que Hannah terminó de limpiar los rastrillos, se divirtieron demasiado saltando entre las hojas como para ocuparse más del tema.

A Measured Response

"Mix contents of package with 2 gallons of water," Steve read from a package of plant fertilizer.

Steve and Les were counselors-in-training at a summer camp. Their job at the moment was to go down by the front entrance near the creek to fertilize and water the flowerbed beneath the entrance sign. The first campers of the summer would be coming the next week, and the camp director wanted everything to look its best.

They walked the half-mile down the road to the entrance.

Because it was so hot, they sipped on sodas from the dining hall—a regular-sized can for Steve, and a regular-sized plastic bottle for Les. Les was carrying an empty watering can. He examined it.

"Um, there are no markings on this thing," Les said. "Maybe we could just estimate."

Steve read again from the package: "Caution: Mix contents exactly."

"So much for estimating," Steve said. "I know what to do. I'll finish my soda, then go down to the creek and measure out 2 gallons of water using my soda can."

"I know how to do it faster," Les said. "2/5 faster, to be exact."

"How?"

Respuesta medida ⑬

—Mezcle el contenido de la bolsa con 2 galones de agua —leyó Steve en la etiqueta de un envase de abono para plantas.

Steve y Les estaban siendo adiestrados para ser consejeros en un campamento de verano. Su tarea del momento consistía en ir a la entrada principal, cerca de la quebrada, a echarle agua y abono a las plantas sembradas debajo del rótulo de la entrada. Los primeros campistas de la temporada llegarían la próxima semana, y el director del campamento quería que todo se viera lo mejor posible.

Caminaron un kilómetro por la calle hasta llegar a la entrada. Como hacía mucho calor, iban bebiendo de unas gaseosas del comedor—una lata de tamaño estándar para Steve, y una botella plástica de tamaño estándar para Les. Les llevaba una regadera vacía. La examinó.

—Em, esta regadera no tiene marcas —dijo Les—. Tal vez podemos estimar.

Steve volvió a leer la etiqueta:

—Precaución: Utilice medidas exactas.

—Entonces no estimaremos —dijo Steve—, pero sé qué hacer. Acabaré de beber la gaseosa, y luego iré a la quebrada a medir los 2 galones de agua con mi lata.

—Sé cómo hacerlo más rápido —dijo Les—, 2/5 partes más rápido, para ser exacto.

—¿Cómo?

A Measured Response

"We'll use my bottle instead of your can," Les said. "Cans hold 12 ounces and plastic bottles hold 20 ounces. If there are 128 ounces in one gallon, then there are 256 ounces in two gallons. To find out how many times we have to refill your can or my bottle before we have two gallons of water, we need to divide 256 ounces by the size of the can or bottle. For your can, we divide 256 ounces by 12 ounces and get 21 and 1/3 refills. For my bottle, we divide 256 ounces by 20 ounces and get 12 and 4/5 refills. My bottle takes fewer refills so it's quicker. Specifically, since 12 and 4/5 divided by 21 and 1/3 is 3/5, we know that my bottle is 2/5 faster."

"Better yet, let's use both," Steve said. "Combined, they hold 32 ounces, which is one quart. And since there are 4 quarts in one gallon, to get 2 gallons we need 8 quarts. We'd only have to refill them 8 times each and we can do it at the same time."

Respuesta medida

—Usaremos mi botella en lugar de tu lata —dijo Les—. Las latas contienen 12 onzas y las botellas de plástico tienen 20 onzas. Si hay 128 onzas en un galón, entonces hay 256 onzas en dos galones. Para saber cuántas veces tenemos que rellenar tu lata o mi botella para obtener dos galones de agua, tenemos que dividir 256 onzas por el tamaño de la lata o la botella. Para tu lata, dividimos 256 onzas entre 12 onzas y descubrimos que tenemos que llenar la lata 21 y 1/3 veces. Para mi botella, dividimos 256 onzas entre 20 onzas y obtenemos 12 y 4/5 veces. Hay que rellenar mi botella menos veces, por lo que es más rápida. Específicamente, como 12 y 4/5 dividido entre 21 y 1/3 es 3/5, sabemos que mi botella es 2/5 veces más rápida.

—Mejor aún, usemos las dos —dijo Steve—. Combinadas, tienen 32 onzas, que es un cuarto de galón. Y como hay 4 cuartos en un galón, para conseguir 2 galones necesitamos 8 cuartos de galón. Sólo tendremos que llenarlas 8 veces cada uno y podemos hacerlo al mismo tiempo.

14 Lawn Ranger

"Dad, we really need a new lawn mower," Murphy said.

Of all people, Murphy would know. Since he'd turned twelve, it had been his job to mow the lawn every Saturday morning. The family rule was that it had to be done before any fun activities.

Murphy had done it so often that he even knew the exact number of times he had to go up and down the yard: 20 times in each direction.

His father looked at the old lawn mower. It was hard to start, ran rough, and left the grass in clumps. "You're right. Let's go to the store and see what they have," he said.

At the store, Murphy's father pointed one out. "Here's the newest version of the model we have, with the same cutting blade, 60 centimeters across," he said. "And here's one with a 75-centimeter blade."

Murphy's little brother, Hugh, who had come along, said, "Here's one with a 60-centimeter blade, but it's a mulching mower. It says its blade spins 20% faster than regular mowers."

"I think we should buy the one that lets me finish the yard in only 4/5 of the time it takes me now," Murphy said.

"Which one is that?" asked Hugh.

Guardián del césped

14

—Papá, realmente necesitamos una nueva podadora de césped —dijo Murphy.

De todas las personas, Murphy es quien más sabría al respecto. Desde que había cumplido los doce años, le correspondía podar el césped todos los sábados por la mañana. La norma familiar era que los quehaceres se tenían que completar antes de cualquier diversión.

Murphy lo había hecho tantas veces, que sabía el número exacto de veces que tenía que ir y venir por el jardín: 20 veces en cada dirección.

El padre le echó un vistazo a la podadora. Era difícil de encender y cortaba el pasto a alturas desiguales, dejando partes del césped desnivelado.

—Tienes razón. Vayamos a la tienda a ver qué opciones hay —dijo.

En la tienda, el padre de Murphy señaló una podadora y dijo:

—Este es el modelo más reciente de la podadora que tenemos, con la misma navaja de 60 centímetros de ancho —dijo—. Y aquí hay una con una navaja de 75 centímetros.

El hermano menor de Murphy, Hugh, que los había acompañado a la tienda, agregó:

—Aquí hay una con una cuchilla de 60 centímetros, pero es de las que tritura el césped como abono. Dice que la navaja gira un 20% más rápido.

—Creo que deberíamos comprar la que me permita terminar el patio en tan solo 4/5 del tiempo que me toma hacerlo ahora —dijo Murphy.

—¿Cuál es esa? —preguntó Hugh.

Lawn Ranger

“Having the blade turn faster doesn't mean you mow faster,” Murphy said. “The issue is how long it takes to run the mower over the entire lawn. As I push the mower, it cuts 60 centimeters of grass across, where the mower with the 75-centimeter blade would cut 75 centimeters. So I'm cutting sixty seventy-fifths of what the bigger mower would cut: as a fraction, that's 60/75. Reduce the fraction by dividing both the numerator and denominator, the number on the top and the number on the bottom, by 15, and that leaves a fraction of 4/5.”

Guardián del césped

—Tener una navaja que gire más rápido no significa que el césped se corte más rápido —dijo Murphy—. Lo que importa es cuánto se tarda en recorrer toda el área de césped con la máquina. Cuando empujo nuestra podadora sobre el césped, corta 60 centímetros a lo ancho; en cambio, una navaja de setenta y cinco centímetros cortaría setenta y cinco centímetros. Por tanto, ahora estoy cortando sesenta sobre 75 de lo que la máquina más grande recortaría; esto, representado en una fracción, sería 60/75. La fracción se simplifica al dividir tanto el numerador como el denominador (el número de arriba y el de abajo) entre quince; que resulta en la fracción de cuatro sobre cinco, es decir: 4/5.

15 Don't Fence Me In

Cindy and Luke's family had just adopted a beagle named Trevor from an animal shelter. One thing they soon learned was that beagles go wherever their sense of smell leads them. Trevor was not so much a dog with a nose attached, as a nose with a dog attached.

The family quickly realized that they needed to do something about the fence around their backyard. Its slats were so far apart that Trevor could slip between them and get out. Their parents decided that rather than replace the entire fence, they would just attach chicken wire along the bottom.

Before they left for the hardware store with their mother, Cindy and Luke measured the yard. It was a rectangle. 8 feet of fence ran out on each side from the back of the house, which was 33 feet wide. The fence along the sides of the yard was 60 feet long.

At the store, they saw that chicken wire came in rolls of 40 feet.

"We'll need 6 of these," Cindy said.

"No, that's too much," Luke said.

"You wanna bet?" Cindy asked.

No me encierren 15

La familia de Cindy y Luke acababa de adoptar del refugio de animales a un perro sabueso llamado Trevor. Rápidamente aprendieron que los sabuesos van a donde sea que el olfato les lleva. Trevor no era tanto un perro con una nariz, sino una nariz con un perro.

La familia se dio cuenta en seguida de que tendrían que hacer algo con la cerca del patio de la casa. Había tanto espacio entre una y otra tabla, que Trevor podía pasar entre ellas y escaparse. Los padres decidieron que, en lugar de reemplazar toda la cerca, fortalecerían la parte inferior con malla de gallinero.

Antes de ir a la ferretería con su madre, Cindy y Luke midieron el patio. Era un rectángulo. Desde cada costado de la parte trasera de la casa, que medía 33 pies de ancho, salían otros 8 pies de cerca. La cerca a lo largo de los lados del jardín tenía 60 pies de longitud.

En la ferretería vieron que la malla venía en rollos de 40 pies.

—Necesitaremos 6 de estos —dijo Cindy.

—No, eso será demasiado —respondió Luke.

—¿Quieres apostar? —le preguntó Cindy.

Don't Fence Me In

"We need to enclose the perimeter of our yard," Cindy said. "To find a perimeter, you add the length of all of the sides. Two of the sides are 60 feet each: 120 feet in all. The other two sides also are equal to each other, since the yard is a rectangle. The length of those sides is the width of the house, 33 feet, plus 8 feet on each side. That's 49 feet: 33 plus 8 plus 8. So those two sides are 98 feet in total: 49 plus 49. Adding the 98 feet of those two sides to the 120 feet of the other two sides means the perimeter of the yard is 218 feet. Five rolls at 40 feet each would be only 200 feet, so we would need a sixth roll for the extra 18 feet."

"There's only one thing wrong with that," Luke said. "We only need to run the chicken wire along the fence, not along the house. So you have to subtract the width of the house from that; 218 minus 33 is 185. So five rolls at 40 feet each, making 200 feet, will be enough."

They bought the chicken wire, attached it to the fence, and spent the rest of the afternoon playing with Trevor. "A back yard is never complete without a dog," their mother said.

No me encierren

—Tenemos que rodear todo el perímetro del patio —añadió Cindy—. Para calcular el perímetro, sumas las longitudes de todos los lados. Dos de los lados miden 60 pies cada uno, para un total de 120 pies. Los otros dos lados también tienen medidas equivalentes, ya que el patio es rectangular. La longitud de esos lados es la misma que el ancho de la casa, o sea 33 pies, más los 8 pies a cada costado. Eso equivale a 49 pies: 33 más 8 más 8. Así que, esos costados miden 98 pies en total: 49 más 49. Sumando los 98 pies de esos dos lados a los 120 pies de los otros dos lados, obtenemos que el perímetro del patio es de 218 pies. Cinco rollos de 40 pies cada uno equivale a sólo 200 pies, por lo que necesitaremos un sexto rollo para los 18 pies restantes.

—Hay solo un problema con todo eso —dijo Luke—. Solo tenemos que usar la malla a lo largo de la cerca, no de la casa. Así que tienes que restar la longitud de la parte trasera de la casa de ese cálculo: 218 menos 33 es 185. Por tanto, cinco rollos de 40 pies cada uno, que serían 200 pies, son suficientes.

Compraron la malla, la instalaron sobre la cerca, y pasaron el resto de la tarde jugando con Trevor.

—Un patio nunca está completo sin un perro —dijo la madre.

16 Slow Boat

"You guys will love this place," Jesse's grandfather said. "I go there all the time."

Jesse and his friend Thomas were visiting Jesse's grandfather, who loved boating and had just bought a new boat. From Jesse's grandfather's house along a river, they would be going downstream to a park that had a fishing pier and a restaurant.

"How far is it?" Thomas asked as they got on the boat.

"20 nautical miles," Jesse's grandfather said. "A nautical mile is about 1/6 longer than a land mile, or almost 2 kilometers."

The boat's speedometer showed the engine was running at 20 knots, which Jesse's grandfather said meant 20 nautical miles per hour on the trip there, which lasted 48 minutes. They had a fun day, although they didn't catch any fish. The speedometer showed the same speed on the trip back, which took 1 hour and 20 minutes.

Thomas and Jesse climbed out onto the dock while Jesse's grandfather tied up the boat.

"Well, we learned something today," Thomas said to Jesse.

"You mean that we're no good at fishing?" Jesse said.

"Not that. If the distance was 20 nautical miles and the boat was moving at 20 knots, the ride should have taken 1 hour, but it didn't—in either direction. Either the speedometer is wrong about the speed, or your grandfather is wrong about the distance," Thomas said. "But which?"

Síguele la corriente

16

—Les va a encantar este lugar —dijo el abuelo de Jesse—. Yo voy a cada rato.

Jesse y su amigo Thomas estaban de visita en casa del abuelo de Jesse, a quien le encantaba navegar y recientemente había comprado una lancha nueva. Desde la casa del abuelo de Jesse, navegarían río abajo hasta un parque con un muelle de pesca y un restaurante.

—¿Cuán lejos es? —preguntó Thomas al abordar la lancha.

—Veinte millas náuticas —respondió el abuelo—. Una milla náutica es aproximadamente 1/6 más larga que una milla, o casi 2 kilómetros.

Durante el viaje de ida, el cual tomó 48 minutos, el velocímetro de la lancha indicaba que el motor iba a 20 nudos—que, de acuerdo al abuelo de Jesse, significaba veinte millas náuticas por hora. Pasaron muy bien el día, pese a que no pescaron ni un pez. Durante el viaje de regreso, que tardó 1 hora y 20 minutos, el velocímetro indicaba la misma velocidad.

Thomas y Jesse se bajaron en el muelle mientras que el abuelo de Jesse ataba la lancha.

—Bueno, aprendimos algo hoy —le dijo Thomas a Jesse.

—¿Te refieres a que no somos buenos pescadores? —le preguntó Jesse.

—No, a eso no. Si la distancia al parque era de 20 millas náuticas y la lancha navegaba a 20 nudos, el viaje debió haber tardado una hora, pero no fue así, en ninguna de las dos direcciones. O el velocímetro indicó mal la velocidad, o tu abuelo está equivocado sobre la distancia —contestó Thomas—. Pero, ¿cuál?

Slow Boat

"They're both right," Jesse said. "What we learned is the speed of the current in the river. On the way back, we needed 1 hour and 20 minutes: that's 80 minutes to travel 20 nautical miles. To find our speed in miles per hour, the formula would be 20 miles in 80 minutes equals an unknown number of miles in 60 minutes: 20/80 equals x/60. To solve, multiply the numerator of one fraction by the denominator of the other."

"Not without a calculator I won't," Thomas said.

"That's why it's so helpful to reduce fractions. The fraction 20/80 can be reduced by dividing both the numerator and denominator by 20, leaving 1/4. To solve the equation, multiply the numerator of one fraction by the denominator of the other: 60 times 1 is 60, and 4 times x is 4x. To find x, divide both sides by 4. That means x, our speed going upstream, was 60 divided by 4, which is 15. That's 5 slower than the 20 on the speedometer, meaning the current was working against us at 5 knots."

"I see," Thomas said. "Going downstream we went 20 nautical miles in 48 minutes. To find how far we would go in 60 minutes at that speed, the formula would be 20/48 equals x/60. Reduce the fraction 20/48 by dividing both the numerator and denominator by 4, leaving 5/12. To solve the equation, multiply the numerator of one fraction by the denominator of the other: 5 times 60 is 300, and 12 times x is 12x. To find x, divide both sides by 12. That means x, our speed going downstream, was 300 divided by 12, which is 25. That's 5 faster than the 20 on the speedometer, meaning the current was adding 5 knots to our speed."

Síguele la corriente

—Ambos están correctos —contestó Jesse—. Lo que descubrimos fue la velocidad de la corriente del río. En el camino de regreso, nos tomamos una hora y veinte minutos: esto es 80 minutos para viajar 20 millas náuticas. Para hallar nuestra velocidad en millas por hora, la formula es 20 millas en 80 minutos es igual a un número desconocido de millas en 60 minutos: 20/80 es igual a x/60. Para resolverlo, multiplica el numerador de una fracción por el denominador de la otra.

—No sin una calculadora —dijo Thomas.

—Por eso ayuda reducir las fracciones. La fracción 20/80 puede reducirse dividiendo tanto el numerador como el denominador por 20, dejando 1/4. Para resolver la ecuación, multiplica el numerador de una fracción por el denominador de la otra: 60 por 1 es 60, y 4 por x es 4x. Quiere decir que x, nuestra velocidad corriente arriba, era 60 dividido por 4: lo cual es 15. Eso equivale a 5 más lentas que las 20 en el velocimetro, lo que quiere decir que la corriente trabajaba en contra de nosotros a 5 nudos.

—Ya veo —dijo Thomas. —Corriente abajo viajamos 20 millas náuticas en 48 minutos. Para calcular cuan lejos hubiéramos viajado en 60 minutos a esa velocidad, la fórmula sería 20/48 es igual a x/60. Reduce la fracción 20/48 dividiendo tanto el numerador como el denominador por 4, lo cual deja 5/12. Para resolver la ecuación, multiplica el numerador de una fracción por el denominador de la otra: 5 por 60 es 300, y 12 por x es 12x. Para hallar x, divide ambos lados por 12. Quiere decir que x, nuestra velocidad corriente abajo, es 300 dividido por 12: lo cual es 25. Eso es 5 más rápido que los 20 en el velocímetro, lo que quiere decir que la corriente le añadió 5 nudos a nuestra velocidad.

17 Stepping Up to the Challenge

"Andrew, can you help us?" his little brother Ryan asked.

Ryan and his friend Carlos had been playing with Ryan's toy airplane, and it had landed on the roof of the shed in their backyard.

The roof was 3 meters off the ground and was flat with a ledge around it, so someone had to climb up and reach for the airplane. They couldn't just throw a rope onto the roof to get it down. There were bushes and flowers all around the shed in a flowerbed coming out 1 meter from around the shed. Their mother worked hard to make the flower garden look good.

"I'll need a ladder," Andrew said.

Ryan went into the shed and pulled out a stepladder that was 2 meters tall when it opened.

"There are two more ladders in here," Carlos said from inside the shed. "But they're just straight ladders, not the kind that open up or extend. One ladder's label says that it's 3 meters long and the other ladder's label says it's 4 meters."

"The top end of one of those would have to reach over the top of the shed so it won't slip down the wall," Andrew said.

"You can reach onto the roof climbing up the 2-meter ladder, can't you? I mean, you're more than 1.5 meters tall, plus the length of your arm," Ryan said to Andrew. "Should we bother getting out another ladder?"

A la altura del reto

—Andrew, ¿podrías ayudarnos? —le pidió su hermanito Ryan.

Ryan y su amigo Carlos habían estado jugando con el avioncito de juguete de Ryan, cuando éste aterrizó sobre el techo del almacén en el patio.

El techo estaba a 3 metros de altura, era plano, y estaba bordeado por una cornisa. Alguien tendría que treparse para alcanzar el avión. No bastaría con tirar una cuerda al techo para bajarlo. Había arbustos y flores en un macizo que sobresalía 1 metro alrededor del almacén. Su madre había puesto mucho esfuerzo en hacer que el jardín de flores se viera hermoso.

—Necesitaré una escalera —dijo Andrew.

Ryan entró al almacén y sacó una escalera de 2 metros de altura.

—Aquí tenemos dos escaleras más —dijo Carlos desde el interior del almacén—, pero no son de las que se abren o extienden, son escaleras rectas. La etiqueta de una dice que mide 3 metros y la de la otra, 4 metros.

—El extremo superior de una de esas tendrá que sobrepasar el techo para que no se deslice por la pared —dijo Andrew.

—Podrías llegar al techo si usas la escalera de 2 metros, ¿no crees? Es decir, mides más de 1.5 metros, y si a eso le agregamos lo que mide tu brazo, será suficiente —le dijo Ryan a Andrew—. ¿Qué piensas? ¿Vale la pena sacar otra escalera?

Stepping Up to the Challenge

"Yes, we have to get another ladder," Andrew said. "The only way I could reach the roof by using the 2-meter ladder would be to put the base in Mom's flower bed."

"That's not a good idea," Ryan agreed.

"So, that means we have to use one of the straight ladders and lean it against the top of the shed. Have you learned about the Pythagorean Theorem yet?"

"No, what is it?" Ryan asked.

"It's how to find the third side of a right triangle when you know the other two sides," Andrew said. "The square of the length of the hypotenuse—that's the long side—is equal to the sum of the squares of the other two sides. Here," Andrew continued, "we have a right triangle whose three sides are the height of the shed, the distance from the shed to the bottom of the ladder—those two make up the right angle—and the length of the ladder from that point to the top of the shed, which is the hypotenuse.

"The bottom of the ladder will have to be 1 meter from the wall of the shed, so it's not in the flowerbed. We'll have a right triangle whose base is 1 meter and whose height is 3 meters. The square of 1 is 1, and the square of 3 is 9. So the sum of those is 10. That means the square of the length of the ladder has to be at least 10 to reach over the top of the roof. Obviously, the 3-meter ladder is not long enough to act as the hypotenuse because the square of 3 is 9, as I just said. The square of 4 is 16, so the 4-meter ladder will be long enough. You two bring it out and hold it steady while I climb up."

A la altura del reto

—Sí, tenemos que sacar otra escalera —respondió Andrew—. La única manera en que podré alcanzar el techo usando una escalera de 2 metros es poniéndola en la jardinera de mamá.

—Y eso no sería buena idea —reconoció Ryan.

—Tenemos que usar una de las escaleras rectas e inclinarla sobre la parte superior del depósito. ¿Has estudiado el teorema de Pitágoras?

—No, ¿cuál es ese? —preguntó Ryan.

—Establece cómo calcular la longitud del tercer lado de un triángulo recto cuando se conocen los otros dos lados —respondió Andrew—. La longitud de la hipotenusa (el lado largo) al cuadrado es igual a la suma de los cuadrados de los otros dos lados. En este caso —continuó Andrew—, tenemos un triángulo recto cuyos tres lados son: la altura del almacén, la distancia desde el almacén hasta la base de la escalera (esos dos lados crean el ángulo recto), y la longitud de la escalera desde ese punto hasta el techo del almacén, que sería la hipotenusa.

La base de la escalera tendrá que estar a 1 metro de la pared del almacén para que no quede dentro de las flores. Tendremos un triángulo recto con una base de 1 metro y una altura de 3 metros. El cuadrado de 1 es 1, el cuadrado de 3 es 9, y la suma de estos dos es 10. Esto implica que el cuadrado de la longitud de la escalera debe ser de al menos 10 para sobrepasar la orilla del techo. Es evidente que la escalera de 3 metros no es tan larga como para servir de hipotenusa, ya que el cuadrado de 3 es 9, como acabo de decir. Sin embargo, el cuadrado de 4 es 16; por lo tanto, la escalera de cuatro metros será suficientemente larga. Ustedes dos sáquenla y manténgala firme en lo que yo subo.

18 Getting a Lift

Jada and Michelle's school was closed for a winter teacher training day, so their parents decided to take a day off from work to take the family skiing. They were glad to see when they got there that there were no lines at the chair lifts.

The two girls were good skiers, so they headed to the part of the mountain with the black diamond trails, the hardest ones. Three lifts started next to each other and ran up the mountain to a spot on the top leading to many different trails.

"Let's try to get in as many runs as we can," Jada said.

They looked at a sign to decide which lift to use. The Sheer Drop lift was a four-seat lift, and its capacity was 1,200 skiers an hour. The Hang onto Your Hat lift was a two-seat lift with a capacity of 800 skiers an hour. The White Cliffs lift was a three-seat lift that could move 900 skiers an hour. The sign said each lift had the same number of chairs.

"Where do you think we should go?" Michelle asked.

Un aventón 18

La escuela de Jada y Michelle estaba cerrada por ser un día de capacitación de maestros, por lo que sus padres decidieron tomarse un día libre del trabajo para llevar a la familia a esquiar. Se alegraron al llegar, al ver que no había colas para montarse en los telesillas.

Las dos niñas esquiaban bien, por lo que se dirigieron a la zona de la montaña con los senderos de diamantes negros, los más difíciles. Tres diferentes telesillas arrancaban del mismo sitio y subían la montaña hasta un sitio en la cima que conducía a varios senderos diferentes.

—Tratemos de hacer el mayor número de recorridos —dijo Jada.

Se fijaron en un rótulo para decidir cuál de los telesillas debían utilizar. La Caída en Picada tenía asientos para cuatro y capacidad para 1,200 esquiadores por hora. La Agárrate el Gorro tenía asientos para dos, y capacidad para 800 esquiadores por hora. Y la Acantilados Blancos tenía asientos para tres y capacidad para 900 esquiadores por hora. El letrero indicaba que cada telesilla tenía la misma cantidad total de sillas.

—¿A dónde crees que deberíamos ir? —preguntó Michelle.

Getting a Lift

"Sheer Drop. It moves the fastest: it carries 1,200 skiers an hour versus 900 and 800 for the other two," Jada said.

"It carries the most skiers, but that doesn't mean it moves the fastest," Michelle said. "Since there are no lines at the lifts, and all three lifts have the same number of chairs and start and end next to each other, the question is how frequently a lift drops off groups of skiers—in other words, how fast a chair gets from the bottom of the mountain to the top."

"Now, the Sheer Drop lift has 4 seats per chair and it has a capacity of 1,200 skiers an hour, meaning it makes 300 drops an hour: 1,200 divided by 4," Michelle said. "And the White Cliffs lift is a 3 seat lift that can drop off 900 skiers per hour, meaning it also makes 300 drops per hour: 900 divided by 3. The Hang onto Your Hat lift can drop off 800 skiers an hour and has 2 seats per chair, meaning it makes 400 drops an hour: 800 divided by 2. So the Hang onto Your Hat lift will get us to the top the fastest."

—La Caída en Picada. Es la más rápida. Lleva a 1,200 esquiadores por hora, versus las otras dos que trasladan a 900 y 800 —dijo Jada.

—Transporta la mayor cantidad de esquiadores, pero eso no significa que se mueve a la mayor velocidad —le contestó Michelle—. Como no hay filas en los telesillas, las tres líneas de telesillas tienen la misma cantidad de sillas, y las tres inician y terminan en el mismo sitio, la pregunta es: ¿con qué frecuencia transporta cada telesilla a los grupos de esquiadores? En otras palabras, ¿cuánto tarda una silla en llegar de la base hasta la cumbre de la montaña?

—La Caída en Picada tiene asientos para 4 y tiene una capacidad de 1,200 esquiadores por hora; es decir, transporta 300 grupos por hora (1,200 dividido por 4) —continuó Michelle—. La Acantilados Blancos tiene asientos para 3 y transporta a 900 esquiadores por hora, lo que quiere decir que también deja a 300 grupos por hora (900 dividido por 3). La Agárrate el Gorro transporta a 800 esquiadores por hora y tiene asientos para 2, lo cual indica que transporta a 400 grupos por hora (800 dividido por 2). Así que, Agárrate el Gorro es la que nos llevará a la cima a la mayor velocidad.

19 Shoe on the Other Foot

Tyler and Jordan's family was staying at a dude ranch where part of the experience for the guests was taking part in the daily chores. Of course, just like at home, neither boy wanted to do more work than the other.

That morning they were restocking the barn. Bags of oats and a crate of horseshoes had to be moved up to the loft. A rope that had baskets at both ends hung from a pulley attached above a loading window high up in the barn wall.

"One of you loads a basket and then raises it," Jerry, the ranch hand, explained. "I'll stand in the loft and pull in the basket. Meanwhile, the other one of you fills the other basket. I'll push the first basket out after I empty it, then you send up the other basket. Keep alternating like that. Tyler, you load the oats and Jordan, you load the horseshoes. Now give me a couple of minutes to get up to the loft," he said and walked away.

Tyler looked at the bags of oats and saw they weighed 9 kilograms each. There was no weight marking on the horseshoes, which were lying loose in the crate.

"That's not fair. My job is a lot harder. Each bag is way heavier than a horseshoe," Tyler said.

Jordan said, "Yeah, but I'll have to load all these horseshoes eventually, and we don't know how much they weigh. My job could turn out to be harder." He thought for a moment. "Wait, I know a way to make it equal."

"How?" Tyler asked.

Dar ciento en la herradura 19

La familia de Jordan y Tyler se estaba quedando en un rancho para turistas donde la participación de los huéspedes en los quehaceres diarios formaba parte de la experiencia. Claro, al igual que en casa, ningún chico quería hacer más trabajo que el otro.

Esa mañana estaban abasteciendo el granero. Tenían que llevar al pajar bolsas de alimento y una caja de herraduras. Una soga con canastas amarradas a ambos extremos colgaba de una polea fijada sobre una ventana de abastecimiento en lo alto de la pared del granero.

—Uno de ustedes llenará una de las canastas y la subirá —les explicó Jerry, el peón del rancho—. Yo estaré en el pajar para meter la canasta por la ventana. Mientras tanto, el otro de ustedes llena la otra canasta. Yo les devolveré la primera canasta después de vaciarla y ustedes me enviarán la segunda canasta. Seguirán alternando de esta manera. Tyler, a ti te tocará el alimento y a Jordan las herraduras. Ahora, denme dos minutos para subir al pajar —dijo y se alejó.

Tyler le echó un vistazo a las bolsas de alimento y notó que cada una pesaba 9 kilogramos. Las herraduras estaban sueltas en la caja y no indicaban el peso.

—Esto es injusto. Me tocó lo más difícil. Cada bolsa es mucho más pesada que una herradura —dijo Tyler.

—Sí, pero eventualmente tendré que cargar todas estas herraduras y no sabemos cuánto pesan. Puede que mi tarea termine siendo la más difícil —respondió Jordan y pensó por algunos instantes—. Ya sé cómo hacerlo equitativo.

—¿Cómo? —preguntó Tyler.

Shoe on the Other Foot

"We'll use the pulley as a balance scale," Jordan said. "We'll tie a knot in the rope to shorten it so both baskets are hanging off the ground. Then we'll put a bag of oats in one of them, and add horseshoes to the other until the baskets are in balance. That will tell us how many horseshoes equal 9 kilograms. Then we untie the knot and start sending up filled baskets. If there are either horseshoes or oats left after we've loaded all of the other, we'll take turns."

Dar ciento en la herradura

—Utilizaremos la polea como balanza —le respondió Jordan—. Ataremos un nudo en la cuerda para acortarla, para que las dos canastas cuelguen sobre la tierra. En una canasta colocaremos una bolsa de alimento y en la otra herraduras, hasta que ambas estén equilibradas. Eso nos dirá cuántas herraduras equivalen a 9 kilogramos. Acto seguido, desamarramos el nudo y empezamos a subir las canastas cargadas. Si sobran bolsas o herraduras cuando terminemos de subir una o la otra, nos turnamos para subir lo que queda.

The Hole Truth

The students were helping create a nature area alongside their school, where plants native to the state would be grown. The younger classes were planting grass and small shrubs, but Mrs. Santorelli's 8th grade class had been assigned to the harder jobs.

Most of the class was digging holes to plant trees, while several students were assigned to dig out the area for a plaque that the parent-teacher association was donating. The plaque was going to be a six-foot wide circle made of bronze. On it, there would be a relief map of their state, showing the mountains, rivers, and other natural features.

The hole had to be prepared now, before the plaque arrived, so that workers could pour the cement and put it in place as soon as it got there. Karen and Ethan were given the job of digging a hole 1 foot deep and 1/3 wider than the plaque.

"We need to make the hole 8 feet wide, since the plaque will be 6 feet across and 1/3 of 6 is 2," Karen said.

"No, we don't," said Ethan, who was going to take the first turn with the shovel.

"I think you're just trying to get out of doing your share of the work," Karen said.

"Am I?" he asked. "Do some estimating."

El fondo del meollo 20

Los estudiantes estaban ayudando a crear un espacio natural junto a la escuela donde cultivarían plantas autóctonas al ecosistema del estado. Los salones más jóvenes estaban sembrando césped y pequeños arbustos, pero al sálon del octavo grado de la Señora Santorelli se le había encargado las tareas más difíciles.

La mayoría de los estudiantes estaba cavando hoyos para sembrar árboles, mientras algunos otros estudiantes cavaban el sitio donde se colocaría una placa donada por la asociación de padres y maestros. La placa sería un círculo de bronce de 6 pies de ancho. En ella habría un mapa del estado en relieve, mostrando las montañas, ríos y demás características geográficas.

Tenían que preparar el hoyo ahora, antes de que llegara la placa, para que los trabajadores pudieran echar el lecho de cemento y ponerla en su sitio tan pronto como llegara. A Karen y a Ernesto les tocó la tarea de cavar un hoyo de 1 pie de profundidad y un 1/3 más ancho que la placa.

—Tenemos que hacer el hoyo de 8 pies de un lado al otro, porque la placa mide 6 pies de ancho y 1/3 de seis es 2 —dijo Karen.

—No es cierto —contestó Ernesto, a quien le correspondía ser el primero en cavar.

—Creo que solo intentas evitar tu parte del trabajo —dijo Karen.

—¿Te parece? —respondió—. Hagamos unos estimados.

The Hole Truth

"The plaque is going to be a circle 6 feet across, which means it has a radius of 3 feet. The area of a circle is pi (π) times the square of the radius ($a = \pi r^2$), which in this case is 9 ($r^2 = 9$). Use 3.14 as the value of pi (π=3.14). Multiplying that by 9 (3.14 times 9) means the plaque is about 28 square feet. We need a hole 1/3 larger than that, so to be safe, let's say 10 square feet more, or around 38 square feet total."

"Now, if we made the hole 8 feet across like you suggest, the radius would be 4 feet, so the square of that would be 16. Multiply that by 3.14 and you have a hole of around 50 square feet. That is a lot bigger than we need."

"Let's say we made the hole just 7 feet across instead. The radius would be 3.5 feet, and the square of that is about 12. Multiply that by 3.14 and we're right about at the 38 square feet we need," he said.

"Let me see for sure," Karen said, doing the multiplication on a calculator. "The plaque will be 28.26 square feet: 9 times 3.14. 1/3 of that is 9.33, so the hole needs to be 37.59 square feet. If we dig a hole 7 feet across, the radius would be 3.5, and the square of 3.5 is 12.25. Multiply by 3.14 and the area is 38.465 square feet. So you're right, a 7-foot wide hole will be big enough."

"Doing a little math is much less work than digging a hole a lot bigger than it has to be," Ethan said as he took the first shovelful.

El fondo del meollo

—La placa mide 6 pies de lado a lado, lo que significa que tiene un radio de 3 pies. El área de un círculo es pi (π) multiplicado por el radio al cuadrado ($a = \pi r^2$), que en este caso es 9 ($r^2 = 9$). Usamos 3.14 como el valor de pi ($\pi = 3.14$). Al multiplicar eso por 9 (3.14 por 9), calculamos que la placa mide aproximadamente 28 pies cuadrados. Tenemos que cavar un hoyo que sea 1/3 más grande que eso, así que, para estar seguros, digamos 10 pies cuadrados más, es decir, 38 pies cuadrados en total.

—Ahora, si cavamos un hoyo de 8 pies como sugieres, el radio será 4 pies, y el cuadrado de este será 16. Multiplica eso por 3.14 y resulta en un hoyo de más o menos 50 pies cuadrados. Eso es mucho más de lo que necesitamos.

—Supongamos que hacemos el hoyo de 7 pies de un lado al otro. El radio será de 3.5 pies, y el cuadrado de eso es más o menos 12. Multiplica eso por 3.14 y tendremos 38.

—Déjame asegurarme —dijo Karen, haciendo los cálculos en su calculadora—. La placa es de 28.26 pies cuadrados (9 multiplicado por 3.14). Un tercio (1/3) de eso es 9.38, así que el hoyo debe ser de 37.59 pies cuadrados. Si cavamos un hoyo de 7 pies de ancho, el radio será de 3.5, y el cuadrado de 3.5 es 12.25. Eso multiplicado por 3.14 resulta en 38.465 pies cuadrados. Así que, tienes razón, un hoyo de 7 pies de ancho será suficiente.

—Hacer unos cuantos cálculos matemáticos es mucho menos trabajo que cavar un hoyo mucho más grande de lo necesario —dijo Ernesto al comenzar a cavar.

Math at Play

Jugando con Matemáticas

21 Jumping Through Hoops

Ms. O'Cork, the girls' P.E. teacher, tried to mix up the activities to give her class different kinds of exercise.

Today she had brought out a bunch of hula-hoops for warm-ups, which the girls enjoyed.

They were out in the back field. Because it was used for all kinds of sports, the field had no distance markings.

After warm-ups, Ms. O'Cork gathered everyone on the edge of the field, where she dropped a large bag of soccer balls, and some short tape measures, the kind used to measure people for clothes.

"The school record for punting a soccer ball is 45 meters," she announced. "Anyone who can break the record and prove it in the next two minutes doesn't have to run laps later."

"But it will take that long just to measure 45 meters with these little tape measures," someone said.

"Okay, anyone who can figure out how to accurately measure the distance in that time doesn't have to run laps either," the teacher said.

Jasmine turned to Audrey, who was the goalie on their soccer team and a good punter. "I know a way we'll both get out of running laps," Jasmine said.

"What do you have in mind?" asked Audrey.

Brincando los aros

21

La señorita O'Cork, maestra de educación física de las niñas, trataba de mezclar las actividades para darle variedad a los ejercicios al salón. Hoy había traído un montón de hula hulas para el calentamiento, cosa que le agradaba mucho a las niñas.

Estaban en el campo de deporte de la parte trasera de la escuela. Como éste se utilizaba para todo tipo de deportes, no tenía medidas de distancia.

Tras el calentamiento, la señorita O'Cork las reunió a todas en la orilla del campo, donde dejó caer una bolsa con pelotas de fútbol y algunas cintas métricas de costura: del tipo que se usa para medirle la ropa a la gente.

—El récord del colegio de patada de fútbol es de cuarenta y cinco metros —anunció—. Cualquiera que pueda romper ese récord y demostrarlo en los próximos dos minutos, no tendrá que trotar alrededor de la cancha luego.

—Pero tan solo medir cuarenta y cinco metros con estas cintas métricas nos tomará ese tiempo —dijo alguien.

—Está bien, cualquiera que logre calcular cómo medir la distancia con exactitud dentro de ese plazo tampoco tendrá que trotar —les dijo la maestra.

Jasmine se volvió hacia Audrey, que era la portera del equipo de fútbol y muy buena pateando el balón.

—Sé cómo las dos podemos evitar trotar.

—¿Qué tienes en mente? —le preguntó Audrey.

Jumping Through Hoops

Jasmine used the tape measure to measure the circumference of a hula-hoop, starting at the joint where the two ends joined. It was 300 centimeters around.

"Dividing 300 centimeters by 100 centimeters, the equivalent of 1 meter, means the hula-hoop is 3 meters around," Jasmine said. "I'll roll it along the ground. Every time the joint comes around is 3 meters farther. So, 45 meters divided by 3 meters per roll is 15. After 15 rolls of the hula-hoop, I'll be 45 meters away. Now warm up that kicking leg!"

Brincando los aros

Jasmine usó la cinta métrica para medir la circunferencia de un aro de hula hula, empezando con la coyuntura donde se encontraban los dos extremos. Midió 300 centímetros.

—Si dividimos 300 entre 100 centímetros, que es el equivalente de 1 metro, concluimos que el aro de hula hula mide tres metros —dijo Jasmine—. Rodaré el hula hula a lo largo de la cancha. Cada vez que alcance la coyuntura será igual a tres metros. Por tanto, 45 metros divididos por 3 metros de cada vuelta resulta en 15. Entonces, tras 15 vueltas del hula hula, estaré a 45 metros de distancia. ¡Ahora empieza a calentar esa pierna para patear!

22 Ace of Clubs

Natalie and her father had been taking golf lessons. They were hitting the ball pretty well, so they thought it was time to go out and play their first real round of golf.

On the first hole, they hit their drives down the fairway.

"This marker says we're 150 yards out from the green, Daddy," Natalie said when they reached his ball.

"Okay, the instructor said 150 yards is how far I hit with a six-iron," her father said, pulling out that club. He took a practice swing that was interrupted when his hat flew off back toward the tee, making Natalie laugh.

He hit the shot the way he usually did, but it landed 30 yards short of the green. "I could have sworn he told me I hit six-irons 150 yards," he said.

The next hole ran parallel to that one, but going the other way. After their drives, Natalie's father was once again about 150 yards from the green.

"Let's see, the instructor said there's about a 15-yard difference in how far different clubs send the ball, and the lower the number of the club the farther the ball goes. So if I hit 120 yards with the six-iron like I did on the last hole, I'll need to use the longer club that will hit it 30 more yards. That means a four-iron," he said.

"I wouldn't do that if I were you, Daddy," Natalie said.

"Why not?" he asked.

El as del golf

Natalie y su padre habían estado tomando lecciones de golf. Le estaban pegando a la pelota bastante bien, por lo que pensaron que era hora de salir a jugar su primera ronda real de golf.

En el primer hoyo, golpearon la pelota derecho por la salida.

—Este marcador indica que estamos a 150 yardas de la zona verde, papá —dijo Natalie cuando llegaron a donde había parado la pelota de su padre.

—Está bien, el instructor dijo que 150 yardas es lo más lejos que golpeo con el hierro-6 —dijo su padre, sacando ese palo de golf. Su padre estaba haciendo un tiro de práctica cuando se le voló el sombrero hacia atrás, a donde estaba el Tee, provocando que Natalie se riera.

Su padre golpeó la pelota como siempre, pero la pelota aterrizó a 30 yardas de la zona verde.

—Podría jurar que me dijo que pego 150 yardas con el hierro-6 —dijo. El hoyo siguiente corría paralelo a ese, pero en el sentido contrario.

Después del tiro de salida, el padre de Natalie volvió a quedar a más o menos 150 yardas de la zona verde.

—Veamos, el instructor dijo que por cada número de hierro hay una diferencia de más o menos 15 yardas en la distancia que viaja la pelota, y mientras más bajo el número del hierro, más lejos irá la pelota. Entonces, si el hierro-6 me da 120 yardas como en el hoyo anterior, tendré que usar un palo más largo que me dé 30 yardas más. Eso significa que necesito el hierro-4 —dijo el padre.

—Yo no haría eso si fuera tú, papá —dijo Natalie.

—¿Por qué no? —preguntó.

Ace of Clubs

"On the first hole you hit a shot that normally would travel about 150 yards," she said. "That shot was into the wind. You hit a good shot, but it still only went 120 yards. So, the wind reduced the distance of your shot by 30 yards, or 1/5.

"On this hole, we're going the opposite direction, meaning the wind is behind us. So the wind will add about 1/5 to the distance of your shot. So hit the club that normally makes the ball go about 120 yards, and let the wind push it. Since you usually hit the six-iron 150 yards, and each higher numbered club sends the ball 15 yards less, you should use an eight-iron.

El as del golf

—En el primer hoyo el tiro que hiciste normalmente viajaría 150 yardas —dijo Natalie—. Ese tiro fue en contra del viento. Aunque fue un buen tiro, solo viajó 120 yardas. Por tanto, el viento redujo la distancia de tu tiro por 30 yardas, o una quinta parte.

—En este hoyo, vamos en dirección contraria, lo que significa que el viento está detrás de nosotros. Por tanto, el viento le agregará una quinta parte a la distancia de tu tiro. Entonces, usa el palo de golf que normalmente da 120 yardas, y deja que el viento empuje la pelota. Como el hierro-6 normalmente te da 150 yardas, y con cada número de palo más alto la pelota viaja 15 yardas menos, debes usar el hierro-8.

23 A Slice of Life

After practice one day, some of the divers decided to hang around the pool. None of them had eaten for several hours, and everyone was getting hungry.

"Who wants pizza?" their coach, Justin, asked. There was a delivery place just down the street. Everybody's hand shot up.

"And what do you want on it?"

Suggestions came flying in: pepperoni, mushrooms, olives, and anchovies. Others just wanted cheese.

"Okay, I count three people who want it plain, and four who want a topping. I'll just have to be careful with how I order it," Justin said.

Less than half an hour later, two large pizzas were on the picnic table. Although they were the same size, they looked different. The plain one had been cut into six slices and the one with toppings into twelve slices, with each of the four toppings on three of the slices.

Anna's little brother Matt was one of the three kids who wanted the plain pizza. He and the other two quickly ate their two slices each and watched as Anna ate her third slice with anchovies.

"No fair!" he said. "You got three slices and I only got two."

"True, but you ate more pizza," Anna said.

"No fair!" Matt repeated. "You ate three, and I only ate two. How can you say I ate more?"

Rebanadas de felicidad

Después de la práctica un día, algunos de los clavadistas decidieron quedarse en la piscina un rato. Nadie había comido por varias horas, y todos estaban empezando a sentir hambre.

—¿Quién quiere pizza? —les preguntó Justin, el entrenador. Había una pizzería cercana con servicio de entrega. Todos levantaron la mano.

—¿Qué quieren en la pizza?

Las sugerencias llegaron volando: pepperoni, hongos, aceitunas y anchoas. Algunos solo querían queso.

—Está bien, veo que tres personas quieren solo queso, y cuatro quieren otros ingredientes. Tendré que ordenar cuidadosamente —dijo Justin.

En menos de media hora, había dos pizzas tamaño familiar sobre la mesa. A pesar de ser del mismo tamaño, tenían un aspecto diferente. La pizza de queso estaba cortada en seis porciones y la otra en doce porciones, con cada uno de los cuatro aderezos en tres de las porciones.

El hermano menor de Anna, Matt, era uno de los tres niños que quería la pizza solo con queso. Él y los otros dos chicos se comieron sus dos porciones de pizza rápidamente y observaron mientras Anna se comía su tercera porción con anchoas.

—¡No es justo! —dijo él—. A ti te tocaron tres porciones y a mí solo dos.

—Es cierto, pero tú comiste más pizza —le contestó Anna.

—¡No es justo! A ti te dieron tres porciones y a mí solo dos —repitió Matt—. ¿Cómo puedes decir que yo comí más?

A Slice of Life

"Both pizzas were the same size," she reminded him. "The plain one was cut into 6 pieces and you ate 2 slices, which is 2/6, or 1/3. The one with toppings was cut into 12 slices, and I ate 3 slices, which is 3/12, or 1/4. Your 1/3 is bigger than the 1/4 I ate."

"I still think you're cheating," he said.

"Look at it this way," she answered. "Let's say your pizza had been cut into 12 slices like ours was. That means each of the 6 slices would have been cut into 2 halves. So you ate an amount equal to 4 of the slices on my pizza. You ate 4/12 while I ate only 3/12."

—Las dos pizzas eran del mismo tamaño —le recordó Anna—. La de queso estaba cortada en 6 porciones y te comiste 2; es decir, 2/6 o 1/3. La pizza con los otros ingredientes estaba cortada en 12 porciones y yo me comí 3; es decir, 3/12 o 1/4. El 1/3 que te comiste es más grande que el 1/4 que me comí yo.

—Todavía creo que hiciste trampa —dijo Matt.

—Te lo explico de otra manera —le respondió—. Supongamos que cortaron la pizza de queso en 12 porciones, al igual que la otra. Esto significaría que cada una de las 6 porciones hubiera sido cortada a la mitad. Por tanto, te comiste el equivalente a 4 porciones de mi pizza. Comiste 4/12, y yo solamente 3/12.

24 A Perfect 10

"What's the qualifying score for States again?" Alison asked.

"A 33.5," Emily told her.

The two gymnasts were at a sectional meet, which served as a qualifier for the state championships. Each was competing in all four events—vault, bars, beam, and floor—with a possible top score of 10 in each event. Both of them were trying to get at least the qualifying score.

They had been planning to be roommates at States if each qualified. After two rotations, bars and beam, Emily had a total score of 17.25, but Alison had just a 16.5.

"I'll never make it," Alison said glumly. "I guess you'll have the room all to yourself."

"You can do it," Emily said. "We still have floor and vault to go, and you do well on those. What's your average on them?"

"An 8.75 on floor and 8.25 on vault," Alison said. "What's your average on them?"

"An 8 on each," Emily said.

"Well, one of us will only have to be average, but the other one will have to do better than average if we're going to share that room," Alison said.

"Which one, you or me?" asked Emily.

Un 10 perfecto 24

—Recuérdame, ¿cuál es el puntaje para calificar para las competencias estatales? —preguntó Alison.

—Un 33.5 —le respondió Emily.

Las dos gimnastas estaban en una competencia de su división, que era el evento calificatorio para los campeonatos estatales. Cada una iba a competir en los cuatro eventos: las barras asimétricas, la barra de equilibrio, el salto del potro, y el suelo; los cuales permitían un puntaje máximo de 10 cada uno. Ambas estaban intentando obtener como mínimo el puntaje calificatorio.

Pensaban ser compañeras de cuarto durante las competencias estatales si las dos calificaban. Tras dos rotaciones, las barras asimétricas y la de equilibrio, Emily tenía un puntaje total de 17.25 y Alison apenas de 16.5.

—No lo lograré —dijo Alison con tristeza—. Creo que tendrás la habitación para ti sola.

—Puedes lograrlo —le respondió Emily—. Aún faltan el salto y el suelo, y eres muy buena en esas dos categorías. ¿Cuál es tu promedio en cada una de ellas?

—Un 8.75 en suelo y 8.25 en el salto —respondió Alison—. ¿Cuál es tu promedio?

—Un 8 en ambas —le contestó Emily.

—Bueno, una de nosotras deberá mantener su promedio, pero la otra tendrá que hacer un esfuerzo para mejorar si queremos compartir la habitación —dijo Alison.

—¿Quién? ¿Tú o yo? —preguntó Emily.

A Perfect 10

At the end of the awards ceremony, the girls walked off the podium. Alison had finished with a 33.5 all-around score, exactly what a gymnast needed to advance to the state championships, while Emily had also qualified, with a 34.25.

Alison said, "After two events, I had a 16.5, which meant I needed a total of 17 on the last two events to make it: 33.5 minus 16.5 is 17. My average scores on those events were 8.75 and 8.25, which added together make 17. So I knew I'd get a 33.5 if I got my average scores."

Alison continued, "After two rotations you had 17.25 points, which meant you needed 16.25 more points: 33.5 minus 17.25 is 16.25. But your average on the last two events was 8 each, meaning an average total of 16: 8 plus 8. You were the one who needed to do better than your average on the last two events to make it to States. I didn't want to say that and make you nervous. I'm glad you made it. We're going to have a great time there!"

Un 10 perfecto

Al final de la ceremonia de entrega de premios, las chicas bajaron del podio. Alison había acabado con un total de 33.5 puntos, justo lo que una gimnasta requería para avanzar a los campeonatos estatales, mientras que Emily también calificó, con 34.25.

—Tras dos eventos —dijo Alison—, yo tenía 16.5, lo que significaba que necesitaba un total de 17 en los últimos dos eventos para calificar: 33.5 menos 16.5 es igual a 17. Mis promedios en esas dos competencias eran de 8.75 y 8.25, los cuales suman 17. Así que sabía que obtendría 33.5 si sacaba mis promedios —explicó Alison.

—Tras dos rotaciones —agregó—, tú tenías 17.25 puntos, lo que quería decir que necesitabas 16.25 puntos más: 33.5 menos 17.25 es igual a 16.25. Pero tu promedio en los últimos dos eventos era de 8, lo cual resulta en un promedio total de 16: 8 más 8. Tú eras la que necesitabas sacar más que tu promedio en las últimas dos competencias para calificar para las estatales. No quise decírtelo y ponerte nerviosa. Me alegra que lo hayas logrado. ¡Nos divertiremos mucho allá!

Ice Cream, Anyone

"Welcome to Cora's Ice Cream Parlor," a lady said from behind the counter. She was glad to fill up seats in her ice cream shop on a chilly day, but she hadn't counted on all these energetic middle school girls celebrating the end of their fall field hockey season.

"Sir, you phoned earlier to reserve 21 seats for your team, right?" she said to the coach, Mr. Lee. "We're all set up for you," she said, pointing to tables that had been set with spoons and empty bowls.

He had told the girls he would treat them to two scoops of ice cream each.

"Coach Lee," said Claire, one of the players. "You're always saying that each one of us is unique, aren't you?"

"Yes," he said slowly, not sure he wanted to know what was coming next.

"So, every one of us wants something different from anyone else," she said, and all the other girls started laughing.

"Boy, they're a picky bunch, aren't they?" Cora said. "I don't even have 21 different flavors, I only have 12. What can I do?"

¿Helado, alguien? 25

—Bienvenidos a la Heladería de Cora —dijo una señora detrás del mostrador. Le alegraba haber llenado los asientos de su heladería en un día tan frío, pero no había contado con que todas estas niñas energéticas de escuela intermedia estuvieran celebrando el final de la temporada de hockey sobre césped.

—¿Señor, usted llamó antes para reservar 21 asientos para su equipo, no es cierto? —le preguntó al entrenador, el Señor Lee—. Estamos listos para recibirles —dijo, señalando hacia las mesas que habían sido preparadas con cucharas y platos hondos vacíos.

El entrenador le había dicho a las niñas que las invitaría a dos bolas de helado cada una.

—¿Entrenador Lee —dijo Claire, una de las jugadoras—, usted siempre dice que cada una de nosotras es única. ¿No es cierto?

—Sí —dijo lentamente, inseguro de lo que vendría.

—Pues cada una de nosotras quiere algo distinto a las demás —dijo, y las otras niñas se empezaron a reír.

—¡Eh! ¡Son un grupo quisquilloso, no! —exclamó Cora—. Ni siquiera tengo 21 sabores distintos; solo tengo 12. ¿Qué puedo hacer?

Ice Cream, Anyone?

"It's a matter of how many combinations are possible. To find that, you add the number of samples to each number below it," Claire said to Cora.

"I'm not following you," Cora said.

"For example, if you had three flavors, that would be 3 plus 2 plus 1, making 6 possible combinations," she said. "Say you have vanilla, chocolate, and strawberry. To use all the possible combinations of two scoops, you'd have one bowl with vanilla and chocolate, a second with chocolate and strawberry, a third with vanilla and strawberry, and three more bowls that have two scoops of the same flavor. That's 6 different combinations for three samples. It works the same way with each additional sample flavor you add. With four flavors, you'd have 10 possible combinations—4 plus 3 plus 2 plus 1. With five flavors, it is 15 possible combinations—5 plus 4 plus 3 plus 2 plus 1. To get 21 possible combinations, you actually only need six flavors—6 plus 5 plus 4 plus 3 plus 2 plus 1 is 21."

"For that explanation, young lady," said Cora, "you get the first choice of flavors."

¿Helado, alguien?

—Es cuestión de cuántas combinaciones son posibles. Para calcularlo, sume el número de muestras y cada número por debajo —le dijo Clara a Cora.

—No te sigo —dijo Cora.

—Por ejemplo, si tuviera tres sabores, sería 3 más 2 más 1, para un total de 6 combinaciones posibles —dijo—. Digamos que tiene vainilla, chocolate y fresa. Para usar todas las combinaciones posibles de dos bolas tiene que preparar un plato de vainilla y chocolate, un plato de chocolate y fresa, un tercer plato de vainilla y fresa, y tres platos más con dos bolas del mismo sabor para cada uno de los tres sabores. Eso equivale a seis combinaciones distintas con tres muestras. Funciona de la misma forma con cada muestra de sabor que añada. Con cuatro sabores, tendría 10 combinaciones posibles—4 más 3 más 2 más 1. Con cinco sabores, hay 15 combinaciones posibles—5 más 4 más 3 más 2 más 1. Para sacar 21 combinaciones solo necesita seis sabores—6 más 5 más 4 más 3 más 2 más 1 es 21.

—Por esa explicación, señorita —dijo Cora—, le toca la primera selección de sabores.

26 Net Result

"Man, we'll never even get a shot off," Zachary grumbled.

He and his teammates on the middle school basketball team were reading a newspaper story about the upcoming city championship game. Their team, the Dragons, would be playing the Cheetahs, a team they hadn't played in the regular season.

"It says here that their starting team averages 5 feet, 9 inches, and they have one player who is 6 feet, 1 inch, another who is 6 feet, 2 inches, and the other three are the same height as each other," Logan said.

The article went on to say that the Cheetahs would have a big size advantage over the Dragons, whose tallest player, William, was 6 feet tall. The other four starting Dragons, Zachary, Logan, David, and Gabriel, all were 5 feet, 7 inches, or 5 feet, 8 inches. This meant each of them was shorter than the Cheetah average.

"Actually, I like our chances," Gabriel said.

"How can you say that?" William asked.

Altura neta 26

—Ni siquiera tendremos oportunidad de lanzar la pelota —refunfuñó Zachary.

Él y sus compañeros del equipo de baloncesto de la escuela secundaria estaban leyendo un artículo en el periódico sobre el campeonato de la ciudad que estaba por celebrarse. Su equipo, Los Dragones, jugaría contra Los Guepardos, un equipo que no habían enfrentado durante la temporada regular.

—Aquí dice que el equipo titular promedia 5 pies y 9 pulgadas, y que tienen un jugador que mide 6 pies y 1 pulgada, otro que mide 6 pies y 2 pulgadas, y otros tres con la misma estatura —dijo Logan.

El artículo continuaba, informando que Los Guepardos tendrían una gran ventaja de estatura contra Los Dragones, cuyo jugador más alto, Guillermo, medía 6 pies de estatura. Los otros cuatro miembros del equipo inicial de los Dragones, Zachary, Leo, David, y Gabriel, medían 5 pies y 7 pulgadas o 5 pies y 8 pulgadas —todos más bajos que el promedio de Los Guepardos.

—En realidad, me gustan nuestras probabilidades —dijo Gabriel.

—¿Cómo puedes decir eso? —preguntó William.

Net Result

Gabriel said, "Their starting team averages 5 feet, 9 inches. That's 69 inches per player: 5 feet times 12 inches to the foot is 60, plus 9 is 69. So the total height of their starting five players would be 345 inches: 5 times 69 is 345.

"Now, a player who is 6 feet and 1 inch accounts for 73 of those inches all by himself: 6 feet times 12 inches to the foot is 72, plus one is 73. The player who is 1 inch taller is one inch more, or 74. So those two guys account for 147 inches of their team's total height: 73 plus 74. That means that their other 3 players add up to only 198 inches: 345 minus 147. Since the article says that they're all the same height, each of them must be 5 feet 6: 198 inches divided by three is 66 inches, which is the same as 5 feet, 6 inches. All of our players are at least 5 feet 7. So three of us will have a height advantage, compared to only two of them."

Altura neta

—Su equipo titular promedia 5 pies y 9 pulgadas —le respondió—. Eso es 69 pulgadas por jugador: 5 pies por 12 pulgadas en un pie, más 9 es 69. Por lo tanto, la estatura total de los 5 jugadores iniciales es 345 pulgadas: 5 multiplicado por 69 es 345.

—Ahora, un jugador que mide 6 pies y 1 pulgada representa 73 de esas pulgadas: 6 pies por 12 pulgadas en un pie es 72, más uno es 73. El jugador que mide una pulgada más que el primero representa 1 pulgada más, o 74. Así que, esos dos jugadores representan 147 pulgadas de la estatura total de su equipo—73 más 74. Quiere decir que los otros tres jugadores solamente suman 198 pulgadas: 345 menos 147. Como el artículo indica que los tres miden lo mismo, cada uno mide como máximo 5 pies 6: 198 pulgadas divididas entre 3 son 66 pulgadas, lo que es igual a 5 pies 6 pulgadas. Todos nuestros jugadores miden al menos 5 pies 7. Por tanto, tres de nosotros tendremos una ventaja de estatura en comparación con solo dos de ellos.

27 Capture the Difference

Capture the flag was a favorite game in P.E. class, and the place to play it was on the blacktop, a large paved area for outdoor games.

There was a line in the middle of the court, and each team had to protect a flag while trying to bring the other team's flag back across the line. Any player that crossed into the other team's side of the line would be captured if he or she was touched. Each team could have two players guarding its own flag, but they had to stay a certain distance away from it, unless a player from the other team had grabbed it.

It had rained for several days, and all the chalk lines had to be redrawn. The P.E. teacher, Mrs. J, handed Veronica a piece of chalk and a 20 foot long piece of string.

"Use these to draw the area that your team's guards aren't allowed to go in," Mrs. J said. "The area has to be either a circle or a square, and it must be as big across as the string is long."

"Okay," Veronica said.

"The kids on the other team made a square," the teacher said. "But as I told them, you can decide. Take a minute and think it through."

"I don't need to. I know what I should do," Veronica said.

"How did you decide?" Mrs. J asked.

Captura la diferencia

Capturar la bandera era el juego preferido de la clase de educación física, y se jugaba en la superficie asfaltada utilizada para juegos al aire libre.

Había una línea en el centro de la cancha, y cada equipo tenía que proteger una bandera mientras que procuraba traer la bandera del equipo contrario a su lado de la línea. Cualquier jugador que cruzara al lado de la línea del equipo contrario sería capturado si alguien lograba tocarlo. Cada equipo podía tener a dos de sus integrantes defendiendo su bandera, pero tenían que mantenerse a cierta distancia de la bandera, a menos que un jugador del otro equipo la agarrara.

Había llovido por varios días y era necesario volver a trazar las líneas de tiza. La maestra de educación física, la Sra. J, le entregó a Verónica un trozo de tiza y una cuerda de 20 pies de largo.

—Usa estas dos cosas para demarcar el área prohibida a los dos defensores de cada equipo —dijo la Sra. J—. El área tiene que ser un círculo o un cuadrado, y también tiene que ser tan ancha como la longitud de la cuerda.

—De acuerdo —contestó Verónica.

—Los chicos del otro equipo hicieron un cuadrado —dijo la maestra—. Pero como les dije a ellos, puedes escoger. Tómate un momento para pensarlo.

—No necesito pensarlo. Sé lo que debo hacer —dijo Verónica.

—¿Cómo lo decidiste? —preguntó la Sra. J.

Capture the Difference

"It's just a question of area," Veronica said. "A square that's 20 feet on each side would have an area of 400 square feet—the length of 20, times the width of 20. The area of a circle is the square of the radius times pi. The radius is half of the diameter, so if the diameter is 20, the radius is 10, and the square of that is 100. We'll use 3.14 as the value of pi. When you multiply a number by 100, you just move the decimal point two places to the right. So that's 314 square feet, which is less space for our guards to defend."

Captura la diferencia

—Solo es cuestión de área —dijo Verónica—. Un cuadrado con lados de 20 pies de largo tendrá un área de 400 pies cuadrados: 20 de longitud por 20 de ancho. El área de un círculo es igual al radio al cuadrado por pi. El radio es la mitad del diámetro, así que, si el diámetro es de 20, el radio es de 10 pies, y el cuadrado de esa cantidad es 100. Usaremos 3.14 como el valor de pi. Cuando multiplicas un número por 100, simplemente mueves el punto decimal dos lugares hacia la derecha. Eso da 314 pies cuadrados, lo cual es menos espacio para nuestros guardias defensores.

28 Way to Go

Kyle and his friend Antonio had been watching the summer Olympics the day before. Their favorite events were track and field. Kyle was the fastest sprinter in school, while Antonio liked running longer distances.

On this day, they were at the high school football stadium, practicing for the upcoming fall track season. Antonio warmed up by running a few laps while Kyle stretched and ran some short sprints.

Kyle gave Antonio his stopwatch and asked Antonio to time him as he sprinted from one goal line to the other. Antonio timed him at 15 seconds flat.

"Olympic gold medal, here I come!" Kyle yelled.

"How do you figure that?" Antonio asked.

"Remember when we were watching the sprinters yesterday? The winner in the 100-meter dash was just under 10 seconds. All I have to do is run about 1/3 faster. 5 seconds is 1/3 of 15 seconds, and if I cut off those 5 seconds, I'll be right around 10 seconds. There's an Olympics every four years. I bet that eight years from now I'll be 1/3 faster."

"I hope you do win an Olympic gold medal someday," Antonio said. "But you won't need to run 1/3 faster."

"Great!" Kyle said.

"Actually, not so great," Antonio said.

"What do you mean?" Kyle asked.

Ándale

28

Kyle y su amigo Antonio habían estado viendo las olimpiadas de verano el día anterior. Sus eventos favoritos eran los de pista y campo. Kyle era el corredor más rápido de la escuela en distancias cortas, mientras que a Antonio le gustaba correr distancias más largas.

En este día estaban en el estadio de fútbol americano del colegio, entrenando para la temporada otoñal de eventos en pista. Antonio hizo su calentamiento corriendo unas cuantas vueltas alrededor del campo, mientras que Kyle se estiró y corrió algunas carreras cortas.

Kyle le dio su cronómetro a Antonio y le pidió que le tomara el tiempo que le tomaba hacer una carrera de un portería a la otra. Antonio registró un tiempo de 15 segundos exactos.

—¡Medalla de oro olímpica, allá voy! —gritó Kyle.

—¿Cómo concluyes eso? —preguntó Antonio.

—¿Recuerdas cuando veíamos a los corredores ayer? El ganador de la carrera de 100 metros obtuvo un tiempo justo por debajo de los 10 segundos. Todo lo que tengo que hacer es correr 1/3 más rápido. 5 segundos es 1/3 de 15 segundos, y si logro reducir esos 5 segundos, estaré más o menos en diez segundos. Hay unas olimpiadas cada cuatro años. Apuesto a que en 8 años correré 1/3 más rápido que ahora.

—Espero que sí ganes la medalla olímpica de oro algún día —le dijo Antonio—. Pero no tendrás que correr 1/3 más rápido.

—¡Excelente! —exclamó Kyle.

—En realidad no —dijo Antonio.

—¿A qué te refieres? —preguntó Kyle.

Way to Go

"Unfortunately, you'll need to run more than 1/3 faster," Antonio said. "You ran a shorter distance in 15 seconds than they did in 10 seconds. The markings on a football field are in yards, and the distance from one goal line to the other is 100 yards. As you said, the Olympic events measure distance in meters, which are longer than yards. 1 meter is a little more than 1.09 yards, a little more than 9% longer. So let's time you again going 109 yards, that's about equal to 100 meters, and you'll have a better idea of how much faster you'll need to go to get that gold medal."

Ándale

—Desafortunadamente, necesitarás correr más de 1/3 más rápido —le respondió Antonio—. Corriste una distancia más corta en 15 segundos que lo que ellos corrieron en 10 segundos. La demarcación de una cancha de fútbol americano se hace en yardas y la distancia entre una y otra línea del gol es de 100 yardas. Como bien dijiste, los eventos en las olimpiadas se miden en metros, y un metro tiene mayor longitud que una yarda. 1 metro es equivalente a un poco más de 1,09 yardas; o sea, un metro mide 9% más que una yarda. Tomemos el tiempo nuevamente, corriendo 109 yardas, las cuales equivalen aproximadamente a 100 metros. Esto te dará una mejor idea de cuánta velocidad debes aumentar para ganarte esa medalla de oro.

Hit Parade

"Four for four! All three of us!" Richard said.

He, Miguel, and Colin were celebrating after winning a baseball game thanks to their good hitting. All three of them had gotten hits in every one of their at-bats. Under the league's rules, starting players could have no more than four at-bats, and since this was their sixth game of the season, each of them had had twenty at-bats going into the game.

Before the game, Miguel had a batting average of .400, Richard of .250, and Colin of .200.

Richard said, "Miguel, this game really helped your batting average."

Miguel said, "Are you sure it didn't help you and Colin more?"

"How could it?" Colin asked. "You have the highest average of any of us!"

Desfile de éxitos 29

—¡Cuatro de cuatro! ¡Los tres! —cantaba Richard.

Él, Miguel, y Colin celebraban tras haber ganado un partido de béisbol gracias a sus éxitos al bate. Los tres habían logrado pegarle a la pelota en todos sus turnos al bate. Bajo las reglas de la liga, los jugadores titulares no podían tener más de cuatro turnos al bate, y como este era su sexto juego de la temporada, cada uno de ellos había empezado el juego con veinte turnos al bate.

Antes de empezar el juego, Miguel tenía un promedio de bateo de .400, Richard de .250, y Colin de .200.

—Miguel, este juego sí que ayudó a mejorar tu promedio de bateo —dijo Richard.

—¿Estás seguro de que no les ayudó más a ti y a Colin? —le contestó Miguel.

—¿Cómo? —preguntó Colin—. ¡Tienes el promedio más alto de los tres!

Hit Parade

"A batting average is the number of hits divided by the number of at-bats," Miguel said. "First, you need to know how many hits we had before today's game, which you can figure out by knowing our batting averages and the fact that each of us had 20 at-bats before today. My .400 batting average before today means I got a hit in 4 out of every 10 at-bats: that's 8 hits in the 20 at-bats before today. A .250 average means a hit in 2.5 out of every 10 at-bats, which means Richard had 5 hits before today. A .200 average means 2 hits out of every 10 at-bats, which means Colin had four hits before today."

"I get it," Richard said. "So after today's game, we each had 4 more at-bats, making 24, and 4 more hits each. That means Miguel now has 12 hits out of 24 at-bats, or 1 hit out of every 2 at-bats. To put it in decimal terms as a batting average, that's 1 divided by 2, or .500. He raised his batting average from .400 to .500 today, 100 points."

Richard continued, "I now have 9 hits in 24 at-bats, or 3 in every 8, and 3 divided by 8 is .375. I raised my batting average today by 125 points, from .250 to .375. Colin now has 8 hits in 24 at-bats, or 1 in every 3, and 1 divided by 3 is .333. His average is now .333 compared to .200 before today. So he actually raised his average the most, 133 points."

—El promedio de bateo es el número de veces que le pegas a la pelota, dividido por el número de turnos al bate —respondió Miguel—. Primero necesitas saber cuántas veces le pegaste a la pelota antes del juego de hoy, lo cual puedes calcular con nuestros promedios de bateo y el hecho de que antes de hoy, cada uno tenía un total de 20 turnos al bate. Mi promedio de .400 antes del juego de hoy significa que le pegué a la pelota en 4 de cada 10 turnos al bate; eso equivale a 8 golpes en los 20 turnos que tenía antes de hoy. Un promedio de .250 equivale a 2.5 hits por cada 10 turnos al bate, lo que significa que Richard había logrado cinco hits antes de hoy. Un promedio de .200 equivale a 2 hits por cada 10 turnos al bate, lo cual significa que Colin tenía 4 hits antes de hoy.

—Te entiendo —dijo Richard—. Así que, después del juego de hoy, cada uno de nosotros tenía 4 turnos más al bate, para un total de 24, y, además, 4 hits más. Quiere decir que ahora Miguel tiene 12 hits de los 24 turnos al bate, o 1 golpe por cada 2 turnos. Para ponerlo en decimales como promedio de bateo, sería 1 sobre 2, o .500. Hoy aumentó su promedio de .400 a .500: 100 puntos.

—Ahora yo tengo 9 hits en 24 turnos —continuó Richard—, o tres de cada 8; y 3 dividido por 8 es .375. Hoy aumenté mi promedio de bateo por 125 puntos, de .250 a .375. Colin ahora tiene 8 hits en 24 turnos, o sea, 1 de cada 3; y 1 dividido por 3 es .333. Ahora su promedio es de .333 comparado con .200 antes de hoy. Así que en realidad él fue quien más aumentó su promedio, por 133 puntos.

Miniature Math

"I can't wait to see our new miniature golf hole actually built!" Gianna said. She and her friend Jason were one of two teams that had just won a "Design a Miniature Golf Hole" contest. Each team won a cash prize and was having their hole design built at one of the two new miniature golf courses at a theme park.

Each team's hole would be the last one on each course, so the cups would not have bottoms. The ball would go down a pipe and straight to the cashier.

Edward and Sophie made up the other winning team. All of them were at the prize ceremony, which featured the drawings of their holes.

Gianna and Jason's design was a straight path to the hole, but there were rocks and bricks blocking the direct path of the golf ball. Edward and Sophie had created a jagged design without many other obstacles to the hole. Both teams had added a ledge where the ball would drop down to a lower level. The cup would be on the lower level, sitting up on a mound. It would be possible to make a hole-in-one only if the ball dropped straight in.

Getting the ball to the ledge would be equally challenging on both holes. The difference was that Gianna and Jason's hole would have a 10 centimeter wide cup, and Edward and Sophie's would have an 20 centimeter wide cup. There would be prizes for players whose balls dropped in the cup in just one shot.

At the ceremony, one of the judges made an announcement about the prizes.

"Since the Gianna-Jason team's cup is only half as wide, it will be twice as hard to make a hole-in-one. So we will award one free game to anyone who gets a hole-in-one on the Edward-Sophie hole, and two free games to anyone who does it on the Gianna-Jason hole."

"That doesn't seem fair," Sophie said to Edward.

Minimatemáticas

30

—¡Estoy loca por ver nuestro nuevo hoyo de minigolf construido! —dijo Gianna. Ella y su amigo Jason eran uno de los dos equipos que acababan de ganar el concurso "Diseña un hoyo de minigolf". Cada equipo había ganado un premio en efectivo y sus diseños serían construidos en uno de los dos campos nuevos de minigolf del parque temático.

El diseño de cada equipo sería el último hoyo en cada campo, por lo cual las tazas no tendrían fondo. La bola caería en un tubo que iba directamente hasta la cajera.

Edward y Sophie conformaban el otro equipo ganador. Todos habían estado en la ceremonia de entrega de premios, donde se destacaban los diseños de los hoyos ganadores.

El diseño de Gianna y Jason consistía en un camino directo al hoyo, interrumpido por piedras y ladrillos que interferían con la trayectoria de la bola de golf. Edward y Sophie habían diseñado un recorrido escabroso, pero con pocos obstáculos para llegar al hoyo final. Ambos equipos habían incluido una repisa desde la cual la bola caería a un nivel más bajo. La taza estaría en el nivel inferior, sobre una pequeña elevación. Solo sería posible lograr "un hoyo en uno" si la pelota caía directamente dentro de la taza.

Lograr que la bola llegara a la repisa sería igualmente desafiante en los dos hoyos. La diferencia estaba en que el hoyo de Gianna y Jason tendría una taza de 10 centímetros de ancho, y el de Edward y Sophie una taza de 20 centímetros de ancho. Otorgarían premios para los jugadores que lograran meter la bola en la taza en un solo tiro.

Durante la ceremonia, uno de los jueces anunció un detalle sobre los premios:

—Debido a que la taza del equipo de Gianna y Jason es de tan solo la mitad del ancho, será doblemente difícil lograr hacer un hoyo en uno. Por lo tanto, quien logre un hoyo en uno en el hoyo de Edward y Sophie será premiado con un juego gratis, y quien logre un hoyo en uno en el hoyo de Gianna y Jason con dos juegos gratis.

—Eso no me parece justo —le dijo Sophie a Edward.

"Why not?" he asked.

"If a ball were rolling along the ground, yes, it would be twice as hard to get it into a 10 centimeter wide cup than into an 20 centimeter wide cup," Sophie said. "But the ball will be dropping off a ledge. That means the key issue is the area of the cup, not its diameter. And since the cup won't have a bottom, we don't have to take into consideration anything unusual like the ball landing in the cup and bouncing out."

"The area of a circle is pi times the square of the radius," Gianna said, getting out a notebook to do a calculation. "Our cup with a 10-centimeter diameter has a 5-centimeter radius, and 5 squared is 25. Multiply that by 3.14, the value of pi, and the area of our hole will be 78.5 square centimeters. Their cup with a 20-centimeter diameter has a 10-centimeter radius, and 10 squared is 100. Multiply that by 3.14 and the area of their hole will be 314 square centimeters. That's an area 4 times bigger. So if making a hole-in-one in the larger cup is worth one free game, making one in the smaller cup should be worth four."

—¿Por qué? —le preguntó él.

—Si la bola rodara por el suelo sí sería doblemente difícil lograr meterla en una taza de 10 centímetros de ancho en vez de una de 20 centímetros —le respondió Sophie—. Pero la bola estará cayendo de una repisa, por lo que el detalle es el área de la taza, no el diámetro. Como la taza no tendrá un fondo, no tenemos que tomar en cuenta situaciones extraordinarias como cuando la bola cae en la taza, pero rebota hacia afuera.

—El área de un círculo es pi por radio al cuadrado —dijo Gianna mientras sacaba un cuaderno para hacer los cálculos—. Nuestra taza, con un diámetro de 10 centímetros, tiene un radio de 5 centímetros; y el cuadrado de 5 es 25. Si multiplicamos 25 por un valor de pi de 3.14 resulta que el área de nuestro hoyo es de 78.5 centímetros cuadrados. La taza de ellos, con un diámetro de 20 centímetros, tiene un radio de 10 centímetros. Diez al cuadrado es 100, multiplicamos eso por 3.14 y obtenemos que el área de su hoyo es de 314 centímetros cuadrados. Esta es un área cuatro veces más grande. Por lo tanto, si hacer un hoyo en uno en la taza más grande merece un juego gratis, hacerlo en la taza más pequeña debería valer por cuatro.

Math Every Day

Matemáticas todos los días

31 Rows and Columns

"Man, how did those ancient Greeks build those temples? It's hard enough just drawing one," Lucas said as Deandre walked into the auditorium.

Their class was in a unit on ancient civilizations. Once they had gone through the unit, they were going to put on a play about it. Lucas and Deandre were in a group assigned to paint the backdrop, a piece of white cloth 10 feet high by 15 feet wide that was now lying on the stage.

Their teacher, Mr. Gage, had given them a poster, 2 feet high by 3 feet wide, of an ancient Greek temple for them to use as a model. Before starting to paint the backdrop, the students had decided to sketch on it with chalk, to give them a guide. They were using yardsticks to help make the lines straight.

"It does look wrong," said Deandre, who had been in the art room collecting paints while the others sketched. "The columns are all the wrong length or width, and the roof looks funny. Why don't all of you take a break and let me try it?"

The other students wiped off the chalk marks, then went back to the classroom for a while. When they returned, Deandre had filled the backdrop with a sketch of the temple that looked just right.

"How did you do that?" Lucas asked.

Filas y columnas 31

—¿Cómo construyeron esos templos los antiguos griegos? Fue difícil tan solo dibujar uno de ellos —dijo Lucas cuando Deandre entraba al auditorio.

Su salón estaba estudiando civilizaciones antiguas. Una vez completaran la unidad, montarían una obra de teatro sobre el tema. Lucas y Deandre estaban en un grupo al que se le había encargado pintar el telón de fondo, una pieza de tela blanca de 10 pies de alto y 15 pies de ancho que por el momento estaba tendida en el suelo del escenario.

Su maestro, el Sr. Gage, les había dado un cartelón de 2 pies de alto y 3 pies de ancho de un templo griego para que lo usaran como modelo. Antes de empezar a pintar el telón, los estudiantes habían decidido hacer un bosquejo en tiza para guiarles. Estaban usando reglas de medir de una yarda para ayudarles a trazar las líneas rectas.

—Sí que se ve mal —dijo Deandre, que había estado buscando las pinturas mientras los otros trabajaban en el bosquejo—. Todas las columnas tienen el largo o ancho equivocado, y el techo se ve extraño. ¿Por qué no se toman un descanso y me dejan intentarlo?

Los otros estudiantes borraron las marcas de la tiza y se marcharon al salón por un rato. Cuando regresaron, Deandre había bosquejado sobre el telón un templo que se veía muy bien.

—¿Cómo lo hiciste? —le preguntó Lucas.

Rows and Columns

"It's just a matter of extrapolating," Deandre said.

"Extrapolating?" Lucas repeated.

"Using figures you know to get figures you need to know," Deandre said. "The proportions on the backdrop were the same as those on the poster: a ratio of 2 in height for 3 in width. Since the backdrop is 10 feet high and the poster is 2 feet high, anything on the poster has to be made 5 times longer on the backdrop to keep the proportions the same, because 10 is 5 times larger than 2. So, a column that measured 10 inches tall on the poster, for example, had to be 50 inches tall on the backdrop. Now all we have to do is get going with the paints."

—Fue cuestión de extrapolar —le contestó Deandre.

—¿Extrapolar? —repitió Lucas.

—Usar cifras que conoces para calcular las cifras que necesitas saber —le dijo Deandre—. Las proporciones del telón eran las mismas que las del cartelón; una proporción de 2 de altura por 3 de ancho. Como el telón es de 10 pies de alto y el cartelón 2 pies de alto, cualquier cosa en el telón tiene que hacerse 5 veces más alta que en el cartelón para mantener las mismas proporciones, porque 10 pies son 5 veces más grandes que 2 pies. Así, una columna de 10 pulgadas de altura en el cartelón, por ejemplo, tenía que ser de 50 pulgadas en el telón. Ahora solo tenemos que empezar a pintar.

Sweet Solution

"Come on, class, to the candy aisle!" Miss Hanson called out.

The class groaned at the thought of being in the candy aisle, knowing that they couldn't have any for themselves. They were on a field trip to a grocery store to buy supplies for a project.

They had collected pinecones, and they were going to cover them with peanut butter, roll them in bird seed, stick on candy, and tie strings on the pinecones to hang in the trees outside the school.

Patti was in charge of the candy.

"So tell me again. What do I have to do, Miss Hanson?" she asked.

"Well, Patti, remember how we collected two hundred pinecones? We are going to put five peppermints on each pinecone for the squirrels, so start counting while I take the other students to get the peanut butter and bird seed."

"That's 1,000 pieces of candy," Patti's friend Lulu said as they reached the candy. The peppermints, each wrapped in plastic, were in a bin and were sold by weight. There was a scoop to use with a scale.

"Too bad they don't sell it in bags marked with how many are inside," Lulu said. "It will take you forever to count them."

"Actually, it will be a lot easier than I thought," Patti said.

Dulce solución

—¡Vamos alumnos, al pasillo de los dulces! —exclamó la señorita Hanson.

Todos se quejaron al saber que estarían en el pasillo de las golosinas sin poder comer ninguna. Estaban en una excursión al supermercado para comprar materiales para un proyecto.

Habían recogido piñas de pino, y las iban a cubrir con mantequilla de maní, rodarlas en semillas para pájaros, pegarles golosinas, y atarles hilo para colgarlas de los árboles alrededor de la escuela.

Patti estaba a cargo de las golosinas.

—Dígame de nuevo. ¿Qué debo hacer, señorita Hanson? —preguntó.

—Bueno, Patti, ¿recuerdas que recogimos doscientas piñas de pino? Vamos a ponerle cinco mentas a cada piña para las ardillas, así que empieza a contar mientras llevo a los otros estudiantes a buscar la mantequilla de maní y las semillas para pájaros.

—Serían 1,000 pastillas —dijo la amiga de Patti, Lulu, cuando llegaron a los dulces. Las mentas, cada una envuelta individualmente en plástico, se encontraban en un cubo y se vendían por peso. Había un cucharón para ser usado con una báscula.

—Es una pena que no las vendan en paquetes que indiquen cuántas hay en cada uno —dijo Lulu—. Te llevará una eternidad contarlas.

—De hecho, será más fácil de lo que pensaba —le respondió Patti.

Sweet Solution

"What do you mean?" Lulu asked.

"This scale will be a big help," Patti said. "I'll count out a sample of the candies and weigh them. I'll count out, for example, 50 candies, and once I know their weight I'll put them in the bag. Then I can just use the scooper. When I've scooped enough candies onto the scale to produce an equal weight, I'll know I have an equal number of candies. Then it's just a matter of repeating until I get to 1,000."

Dulce solución

—¿A qué te refieres? —preguntó Lulu.

—Esta báscula me será muy útil —dijo Patti—. Contaré una cantidad de golosinas como muestra, por ejemplo, 50 mentas, y una vez sepa cuánto pesan las pondré en una bolsa. Luego solo usaré el cucharón. Cuando haya colocado la suficiente cantidad de dulces en la báscula para alcanzar el mismo peso, sabré que tengo ese mismo número de dulces. Entonces solo será cuestión de repetir el procedimiento hasta que alcance las 1,000.

33 Driving Them Crazy

"Are we there yet?" Darius asked from the back seat.

Axel's little brother had asked that so many times that Axel—who was eager to be finished with the trip himself—had taken to timing how long it was since the last time Darius asked. Axel's watch had a stopwatch feature and was accurate to the one-hundredth of a second. They were on their way to a week at the beach, and the trip was a long one.

"How long was it this time?" their father asked from the front seat.

"6 minutes, 38.55 seconds," Axel responded.

"We're getting there," their mother said. "Why don't you look out the window for a while? Look for the kilometer markers or something."

Axel soon saw one below a sign saying that it was 146 kilometers to the beach. He started his stopwatch and stopped it at the following kilometer marker. 45 seconds had passed.

"Seriously, Dad, how long will it be?" Darius said.

"About an hour and a half."

"About? More than that or less?" Darius asked.

"Well, the traffic is pretty steady, so we should be able to keep this same speed all the way there. You guys figure it out," their father said.

A few moments later, Axel said, "We might as well relax. It's going to be longer than an hour and a half."

Conduciéndolos a la locura 

—¿Ya casi llegamos? —preguntó Darius desde el asiento trasero.

El hermano menor de Axel había hecho la misma pregunta tantas veces que Axel, que estaba igualmente ansioso por llegar, había empezado a tomar el tiempo entre cada vez que Darius hacía la misma pregunta. El reloj de Axel tenía una función de cronómetro, con exactitud hasta las centésimas de segundos. Iban de camino a la playa por una semana y era un largo viaje.

—¿Cuánto tiempo tardó esta vez? —preguntó el padre desde el asiento delantero.

—6 minutos y 38.55 segundos —le respondió Axel.

—Nos estamos acercando —le dijo la madre—. ¿Por qué no miras por la ventana un rato? Busca los marcadores de kilometraje o algo.

Poco después Axel vio un marcador debajo de un letrero que indicaba que faltaban 146 kilómetros para llegar a la playa. Inició el cronómetro y lo detuvo en el siguiente marcador. Habían pasado 45 segundos.

—En serio, papá, ¿cuánto tiempo tardaremos? —preguntó Darius.

—Más o menos hora y media.

—¿Más o menos? ¿Más que eso o menos? —insistió Darius.

—Bueno, el tráfico está bastante consistente, así que deberíamos poder mantener esta velocidad hasta que lleguemos. Calcúlenlo ustedes —les dijo el padre.

Tras unos momentos, Axel dijo:

—Será mejor que nos relajemos. Tardaremos más de hora y media.

Driving Them Crazy

"What makes you say that?" Darius asked.

"I used my watch and the kilometer markers," Axel said. "It took us 45 seconds to get from one kilometer marker to the next. I started the timer at the marker where it was 146 kilometers to the beach. That meant we had 145 kilometers to go when I stopped it."

Axel took out a pencil and paper. He said, "If it takes 45 seconds to go 1 kilometer, the length of time, in seconds, to go 145 kilometers would be 45 times 145: that's 6,525 seconds. Since there are 60 seconds in 1 minute, to find the number of minutes divide 6,525 by 60: that's about 109 minutes. And since there are 60 minutes in one hour, 109 minus 60 leaves 49. That means it will take 1 hour and 49 minutes."

Conduciéndolos a la locura

—¿Por qué dices eso? —preguntó Darius.

—Usé mi reloj y los marcadores de kilometraje —le respondió Axel—. Nos tomó 45 segundos viajar de un marcador al próximo. Puse a andar el cronómetro en el marcador donde nos quedaban 146 kilómetros para llegar a la playa. Quiere decir que nos quedaban 145 kilómetros cuando lo detuve.

Axel sacó lápiz y papel. Dijo:

—Si tardamos 45 segundos en recorrer 1 kilómetro, el tiempo en segundos para recorrer 145 kilómetros será 45 por 145, o sea, 6,525 segundos. Como 1 minuto tiene 60 segundos, hay que dividir 6,525 por 60 para calcular el número de minutos; eso nos da 109 minutos. Como una hora tiene 60 minutos, 109 menos 60 nos da 49. Quiere decir que nos falta 1 hora y 49 minutos para llegar.

34 Cold-Blooded Calculations

Henry was so excited that his parents had finally allowed him to get a pet iguana. They went to the pet store that day, and when they got there he ran straight to the tanks.

Henry had already picked out a medium-sized iguana, and he had things for the iguana to climb on. He just needed a tank. Okay, easy enough, he thought.

He wanted to give it as much room to climb around as he could. There were three sizes of tanks. One had a base of 40 by 60 centimeters and was 30 centimeters high. The other had a base of 40 by 40 centimeters and was 50 centimeters high. Another had a base of 50 by 50 centimeters and was 30 centimeters high. The cost of each tank was about the same.

Henry looked at the tanks for only a moment. “I’ll take this one. It has the most space,” he said, pointing to one of them.

“How did you figure that out so fast?” his father asked.

Cálculos a sangre fría 34

Henry estaba muy entusiasmado ya que sus padres le habían permitido tener una iguana de mascota. Ese día fueron a la tienda y, ahí, Henry se dirigió directamente a donde estaban las peceras.

Henry había escogido una iguana mediana y le tenía armazones para que trepara. Por tanto, solo necesitaba la pecera para completar su terrario. "Bien, esto será bastante fácil," pensó.

Había peceras disponibles en tres tamaños, todas a precio parecido, y él quería la que le diera más espacio a su mascota para trepar de un lado a otro. Una tenía la base de 40 x 60 centímetros y 30 centímetros de altura. La otra era de 40 x 40 centímetros y 50 de altura. La tercera tenía una base de 50 x 50 centímetros y tenía 30 de altura.

Henry observó las peceras por un instante, apuntó a una y dijo:

—Me llevaré esta, es la que tiene más espacio.

—¿Cómo lo calculaste tan rápido? —le preguntó el padre.

Cold-Blooded Calculations

"It's a matter of cubic capacity," Henry said as he took the 40 x 40 x 50 tank to the cash register. "To find the cubic capacity, you multiply the length times the width times the height. That showed me that this one has the most space for my iguana."

"Yes, but how could you do it in your head so fast?" his father asked. "I think I'd need a pencil and paper for that."

"To get the exact number, yes," Henry said. "But we only needed to compare, so I simplified the calculations. Each of the dimensions was divisible by 10. With the 40 by 60 by 30 tank, if you divide each number by 10, you're left with 4 by 6 by 3: 72. The 50 by 50 by 30 tank becomes 5 by 5 by 3: 75. The 40 by 40 by 50 tank becomes 4 by 4 by 5: 80. That's the biggest of the three."

As they drove home, Henry got out a pencil and paper to check the exact figures. "The 50 by 50 by 30 tank is 75,000 cubic centimeters," he said. "The 40 by 60 by 30 tank is 72,000 cubic centimeters. The 40 by 40 by 50 tank is 80,000 cubic centimeters. That is the biggest, and it should give my new iguana plenty of room."

Cálculos a sangre fría

—Es un asunto de capacidad cúbica —le respondió Henry en lo que llevaba la pecera de 40 x 40 x 50 a la caja registradora—. Para encontrar la capacidad cúbica se multiplica el largo por el ancho por la altura. Ese cálculo me mostró que esta es la que tiene más espacio para la iguana.

—Sí, pero ¿cómo lo calculaste tan rápido en la mente? —le preguntó el padre—. Creo que yo necesitaría lápiz y papel para hacerlo.

—Para obtener números exactos sí —le respondió Henry—, pero como solo necesitaba comparar, simplifiqué los cálculos. Cada una de las dimensiones era divisible por 10. Para la pecera de 40 x 60 x 30, cada número dividido entre 10 da 4 x 6 x 3, es decir 72. La de 50 x 50 x 30 resulta en 5 x 5 x 3, es decir 75. Y la de 40 x 40 x 50 resulta en 4 x 4 x 5, es decir 80. Esta última es la más grande de las tres.

Durante el regreso a casa, Henry sacó papel y lápiz para comprobar las cifras exactas y dijo:

—La pecera que mide 50 x 50 x 30 es de 75,000 centímetros cúbicos, la de 40 x 60 x 30 es de 72,000 y la de 40 x 40 x 50 es de 80,000; esta última es la más grande y seguro le ofrecerá a mi nueva iguana espacio de sobra.

35 Ups and Downs

"Over the river and through the woods, to grandmother's house we go!" Jack and Courtney sang.

They were at a gas station near their house, filling the car for a trip from the mountains, where they lived, to their grandparents' summer house on the beach.

Hours later, just as they reached the house, a warning light came on that they were almost out of gas.

"That's pretty good fuel consumption," their father said. "This car has a 50-liter tank, and we used almost all of it to go 800 kilometers. That's 16 kilometers to the liter. We usually only get about 12 kilometers per liter. So that's 1/3 better than usual."

"Should we get more gas now?" their mother asked.

"No, we won't be driving anymore until the day we leave. We'll get it then," he said.

They enjoyed their visit for the next few days and when it was over, they stopped to fill the tank for the drive home. They would be going back the same way they came.

"On the way back, we'll be going uphill from the beach to the mountains, and the car will have to work harder, so we'll use more gas," said Courtney. "Since we got fuel consumption that was 1/3 better on the way down, we'll need gas again when we get 2/3 of the way home."

"Are you sure that's right?" Jack asked.

Altibajos

35

—¡Cruzando el río y a través del bosque; a casa de la abuela vamos! —cantaban Jack y Courtney.

Estaban en una gasolinera cerca de la casa, llenando el tanque del auto para un viaje desde las montañas en donde vivían hasta la casa de verano de los abuelos en la playa.

Varias horas más tarde, al llegar a la casa, se encendió una luz indicando que casi se había agotado la gasolina.

—Obtuvimos buen kilometraje —dijo su padre—. Este auto tiene un tanque de 50 litros, y lo usamos casi todo para recorrer cerca de 800 kilómetros. Eso es más o menos 16 kilómetros por litro. Normalmente, manejando en autopistas como estas, el auto consume un litro cada 12 kilómetros. Por tanto, hoy consumió más o menos 1/3 parte menos que lo usual.

—¿Echamos más gasolina ahora? —preguntó su madre.

—No, no usaremos el auto hasta el día que regresemos, le echaremos más entonces —dijo él.

Disfrutaron la visita durante los siguientes días, y a la hora de partir, se detuvieron a llenar el tanque para el camino de vuelta a casa. Regresarían por el mismo camino que tomaron para llegar.

—De regreso iremos cuesta arriba desde la playa hasta las montañas, y el auto trabajará más, así que utilizará más gasolina —dijo Courtney—. Como obtuvimos 1/3 más kilometraje cuesta abajo, necesitaremos echar más gasolina cuando hayamos recorrido 2/3 del camino de regreso.

—¿Estás segura? —le preguntó Jack—.

Ups and Downs

"You're assuming that because we got 1/3 better fuel consumption on the way down, we'll get 1/3 less on the way back," Jack said.

"Right. Since we needed a full tank to get here, the tank will be just about empty when we're 2/3 of the way home," Courtney said.

"You're using the wrong starting point. The 1/3 difference is not from the 16 kilometers per liter we got on the way here, it's from the usual fuel consumption of 12 kilometers per liter," Jack said. "1/3 of 12 is 4, so we'll get 8 kilometers per liter on the way back home. Since the tank holds 50 liters, we'll be able to go 400 kilometers before running out of gas: 8 time 50. We'll have to get gas again about halfway home, not 2/3 of the way."

Altibajos

Estás suponiendo que como obtuvimos 1/3 más kilometraje durante la venida, obtendremos 1/3 menos kilometraje durante el regreso.

—Correcto. Como consumimos un tanque entero para llegar acá, el tanque estará casi vacío cuando hayamos recorrido 2/3 del camino de regreso a casa —dijo Courtney.

—Estás partiendo del supuesto equivocado. La diferencia de 1/3 no es de los 16 kilómetros por litro que rindió el auto a la venida; es del kilometraje acostumbrado de 12 kilómetros por litro —le dijo Jack—. Un tercio de 12 es 4, así que de camino a casa consumiremos cerca de un litro cada 8 kilómetros. Como el tanque tiene 50 litros de capacidad, podremos recorrer 400 kilómetros antes de que se nos acabe la gasolina, 8 por 50. Así que, tendremos que parar por gasolina como a medio camino de regreso, no a 2/3 del camino.

36 Yuck Around the Clock

Mrs. Santos's class had just gotten new materials. There were pictures, maps, and a desk clock that would replace the old wall clock that never worked right. However, when Mrs. Santos took the old clock down, there was a dark stain on the wall where it had been.

"Ew! When was the last time anybody cleaned back there?" Chloe asked.

"That's what happens over time," Mrs. Santos said. She took a cleaning cloth to the stain, but it was too dark to come out. "I'll ask the maintenance people to paint there, but it will be some time until they get to it," she said.

"How about if we cover up the spot with something else in the meantime?" Aiden suggested. He measured the spot; it was 25 centimeters across.

"How about this?" Connor said, measuring a picture. "It's a 30 centimeter by 30 centimeter square."

"Here's something bigger," Maria suggested, measuring another picture. "It's 20 centimeters tall by 60 centimeters long."

Aiden said, "Okay, now we figure out the—"

Chloe interrupted him. "I think the choice is obvious, don't you?" she asked.

Tapando la mancha

El salón de la Sra. Santos acababa de recibir nuevos materiales. Entre estos había fotografías, mapas y un reloj de mesa que reemplazaría el viejo reloj en la pared que nunca funcionó bien. Sin embargo, cuando la maestra retiró el reloj viejo, descubrió una mancha oscura en la parte de la pared donde éste había estado.

—¡Guácala! ¿Cuándo fue la última vez que alguien limpió ahí? —preguntó Chloe.

—Eso es lo que pasa con el tiempo —respondió la Sra. Santos. Tomó un trapo y trató de limpiar la mancha, pero era demasiado oscura—. Le pediré a los de mantenimiento que pinten ahí, pero para limpiarla tardarán un poco antes de hacerlo.

—¿Qué tal si mientras tanto tapamos la mancha con otra cosa? —sugirió Aiden. Midió la mancha; era de 25 centímetros de ancho.

—¿Qué tal esto? —dijo Connor, midiendo una de las fotografías—. Es un cuadrado de 30 x 30 centímetros.

—Acá hay otra más grande —sugirió María, midiendo otra foto—. Es de 20 centímetros de ancho por 60 de largo.

—Está bien, ahora tenemos que calcular . . . —decía Aiden, cuando Chloe le interrumpió.

—Creo que la respuesta es obvia. ¿Están de acuerdo? —les preguntó.

Yuck Around the Clock

"Maria, your rectangular picture has more square centimeters, but remember, we're trying to cover a round stain that's 25 centimeters in diameter," Chloe said. "That means whatever we use to cover it needs to be at least 25 centimeters in every direction. A picture that's only 20 centimeters in one direction would let some of the stain show. So even though the square picture has fewer total square centimeters than the rectangular picture, 900 versus 1200, the square would cover the stain where the rectangle wouldn't."

Tapando la mancha

—María, tu fotografía rectangular tiene más centímetros cuadrados, pero recuerda, estamos tratando de cubrir una mancha redonda que tiene 25 centímetros de diámetro —dijo Chloe—. Esto significa que sea lo que sea que utilicemos para taparla, tendrá que medir al menos 25 centímetros en cada dirección. Una foto de solo 20 centímetros en una dirección dejará la mancha parcialmente a la vista. Por eso, aunque la fotografía cuadrada tiene un área menor que la rectangular, 900 versus 1,200, la cuadrada cubrirá la mancha, pero la rectangular no.

Mixing It Up

"We will see you all in a week at our next meeting!" said Mrs. Jackson. She was the leader of a mother-daughter book club that met at the library. "Wait, one more thing. We need someone to bring drinks. Anybody?"

"I will," Denise said. "I can bring punch."

"You're always bringing things. Let me help you," Mary said as they were walking out. "My mother has a great recipe for punch. It's half seltzer and half orange juice."

"Alright," Denise said. "I'll bring the juice, and you bring the seltzer."

At the next meeting, Mary left a 2-liter bottle of seltzer on the table and noticed that Denise had brought in a 2-quart container of orange juice. Denise emptied both ingredients into the punch bowl as Mary helped set up the chairs.

Denise brought Mary a cup of the punch.

"I really like the way your mother's punch tastes," Denise said.

"I'm sure I'll like it too," Mary said, taking the cup. "But it won't taste quite the same."

"Why not?" Denise asked. "We followed the recipe."

Ponche de frutas

37

—Nos vemos en una semana en la próxima reunión —dijo la Sra. Jackson, la líder del club de lectura de madres e hijas que se reunía en la biblioteca—. Esperen, una cosa más. Necesitamos que alguien traiga las bebidas. ¿Alguién?

—Yo las traigo —dijo Denise—. Puedo traer ponche.

—Siempre traes cosas. Permíteme ayudarte esta vez —le dijo Mary cuando salían del salón—. Mi mamá tiene una receta excelente para ponche. Es mitad agua mineral con gas y mitad jugo de naranja.

—Bien —le dijo Denise—. Yo traeré el jugo y tú el agua.

En la siguiente reunión, María dejó una botella de agua de 2 litros sobre la mesa y notó que Denise había traído una botella con jugo de naranja de 2 cuartos de galón. Denise vertió el contenido de ambos ingredientes en la ponchera mientras que María ayudaba a colocar las sillas.

Denise le llevó un vaso de ponche a María y le dijo:

—Me gusta el sabor del ponche de tu mamá.

—Estoy segura de que a mí también me gustará —dijo María, aceptando el vaso—. Pero no sabrá igual.

—¿Por qué? —le preguntó Denise—. Seguimos la receta.

Mixing It Up

"The ingredients were the same, but the amounts weren't,"

Mary said. "The recipe calls for half seltzer and half juice. We had 2 liters of seltzer and 2 quarts of juice. Liters and quarts are close in size, but they're not the same. A quart is 32 fluid ounces, while a liter is 33.8 ounces. That's 1.8 ounces more in each liter. Multiply that by 2, because there are 2 liters, and that means there are 3.6 ounces more seltzer than juice."

Mary tasted it. "Actually, I like it better this way than the way my mom makes it. With more seltzer, the punch has more punch."

—Los ingredientes son los mismos, pero las proporciones no —le respondió María—. La receta requiere mitad agua y mitad jugo. Teníamos 2 litros de agua y 2 cuartos de galón de jugo. Los litros y los cuartos son casi del mismo tamaño, pero no son iguales. Un cuarto equivale a 32 onzas fluidas, mientras que un litro tiene 33.8 onzas. Eso es 1.8 onzas más por cada litro. Multiplica eso por 2, porque tenemos 2 litros, y significa que hay 3.6 onzas más agua que jugo.

María lo probó.

—De hecho, me gusta más esta receta que como la que prepara mi mamá. Con más agua con gas, el ponche tiene más ponche.

38 String Theory

Ms. Leonardo's class was having a contest. The students were broken into two teams, the left side of the classroom against the right. Each team was given a large box of the same size.

"I am giving each group a 48-centimeter piece of string," she said. "There is enough space in your boxes for you to lay out your string. There is only one catch. The two ends of your string must be touching. After you lay out your string, I'm going to drop one of these identical balls in each box. If the ball stops inside your string, everyone on that team gets two free homework passes. I will give you five minutes to lay your string out."

"What do we need five minutes for?" Alyssa said to her teammates. "It's completely random who's going to win."

"It might seem random, Alyssa, but soon you'll see why it isn't," their teacher said.

Alyssa's team finally settled on making a square with their string, 12 centimeters on each side. When both teams had put their string down, Ms. Leonardo dropped the balls. The ball for the other team settled inside the string, but the ball for Alyssa's team didn't.

"We win!" yelled Jacob, who was on the other team.

"No fair!" said Alyssa. "Ms. Leonardo, their team cheated. Their string must have been longer than ours."

"No it's not," Jacob said. "We just figured out a way to make our string enclose more area."

"How?" asked Alyssa.

La teoría de los hilos

El salón de la Srta. Leonardo iba a celebrar un concurso. Los estudiantes estaban separados en dos equipos: el lado izquierdo del salón contra el lado derecho. A cada equipo se le había dado una caja grande del mismo tamaño.

—Le estoy dando un hilo de 48 centímetros a cada equipo —les dijo—. Hay suficiente espacio en las cajas para colocar los hilos. Hay una sola condición. Los dos extremos del hilo deben tocarse. Una vez que coloquen sus hilos, dejaré caer una de estas dos pelotas idénticas en cada caja. Si la pelota queda dentro de la figura del hilo, cada uno de los miembros de ese equipo estará eximido de dos tareas. Tienen cinco minutos para colocar el hilo.

—¿Para qué necesitamos los cinco minutos? —le dijo Alyssa a sus compañeros—. Ganar es cuestión de azar.

—Puede parecer cuestión de azar, Alyssa, pero ya verás por qué no lo es —le contestó la maestra.

El equipo de Alyssa finalmente decidió hacer un cuadrado con su hilo, con 12 centímetros por lado. Una vez que los dos equipos habían colocado los hilos, la Srta. Leonardo dejó caer las pelotas. La pelota del equipo de Alyssa no cayó dentro de la figura con el hilo, pero la del otro equipo sí.

—¡Ganamos! —exclamó Jacob, quien estaba en el otro equipo.

—¡No es justo! —contestó Alyssa—. Srta. Leonardo, hicieron trampa. El hilo que tienen seguro era más largo que el nuestro.

—No, no lo es —respondió Jacob—. Es que nosotros solo hallamos cómo encerrar un área más grande con el hilo.

—¿Cómo? —le preguntó Alyssa.

String Theory

"You put your 48 centimeters of string into a square. That means your string enclosed an area of 12 x 12, which is 144 square centimeters," explained Jacob.

"We made our string into a circle," Jacob said. "The circumference was 48 centimeters, the length of the string. To figure out the area of our circle, we first had to know the radius. The circumference of a circle is 2 times pi times the radius. So to get the radius, we divided 48 by 2, making 24 and then by pi. Pi is a little more than 3, so dividing 24 by that means the radius is a little less than 8: we rounded it down to 7. The area of a circle is the radius squared times pi. The square of seven is 49: 7 times 7. We rounded pi down to 3 and multiplied it by 49, making 147 square centimeters. So even with just estimating like that and rounding down each time, we knew a circle would cover more area than a square."

"And if you do the math exactly, you'll see the difference was even larger," Ms. Leonardo said, going to the whiteboard. "Divide 48 by 2 to get 24 and then divide 24 by 3.14, using that as a more precise value of pi, means the radius was 7.64 centimeters. The square of that is 58.36, which, multiplied by 3.14, gives an area of 183.28 square centimeters. That's nearly 40 more square centimeters than the square covers. That increased the probability that the ball would stop inside their string, and as it t

La teoría de los hilos

—Ustedes hicieron un cuadrado de 48 centímetros con el hilo. Eso significa que rodearon un área de 12 x 12, lo que es igual a 144 centímetros cuadrados —le explicó Jacob.

—Nosotros usamos nuestro hilo para hacer un círculo —dijo Jacob—. La circunferencia era de 48 centímetros, el largo del hilo. Para calcular el área de nuestro círculo, primero teníamos que conocer el radio. La circunferencia de un círculo es igual a 2 por pi por el radio. Así que, para obtener el radio, dividimos 48 entre 2, lo que nos dio 24, y después lo dividimos por pi. Pi es un poco más que 3, y dividir 24 entre eso significa que el radio es un poco menos que 8, lo cual redondeamos a 7. El área del círculo es pi por radio al cuadrado. El cuadrado del radio es 49, 7 por 7. Redondeamos pi a 3 y lo multiplicamos por 49, lo que resulta en 147 centímetros cuadrados. Así que, aun con solo estimar de este modo y redondeando hacia abajo cada vez, sabíamos que un círculo rodearía un área más grande que un cuadrado.

—Y si hacen los cálculos exactos verán que la diferencia es aún mayor —les dijo la Srta. Leonardo, dirigiéndose a la pizarra—. Dividan 48 entre 2 para sacar 24, luego dividan 24 entre 3.14, que es un valor más preciso de pi, y verán que el radio era de 7.64 centímetros. El cuadrado de eso es 58.36, el cual multiplicado por 3.14 resulta en un área de 183.28 centímetros cuadrados. Eso es casi 40 centímetros cuadrados más que el área cubierta por el cuadrado. Esto aumentó la probabilidad de que la pelota cayera dentro del área rodeada por el hilo, y como pudieron ver, así fue.

39 Product Placement

Max had offered to stay after school to help with the fundraiser.

The parents' association was buying new supplies for the three rooms in his grade, and they had divided the cost among all the students. Each student in the three rooms needed to bring in $15.63. Mr. McGovern's room had twenty-three students, Mrs. Chang's room had twenty-five, and Mrs. Bittle's room had twenty-four.

The first room to bring in all of its money would get three days off from homework, the second room would get two days off, and the third room would get one day off.

Mr. Howard, the father of Max's classmate Daniel, was in charge of announcing the winner.

Each room had met its goal. Unfortunately, the envelopes were not marked with the names of the teachers, just the amounts in them.

"I know the white one came in first, the yellow one was second, and the brown one was third," Mr. Howard said.

Max looked at the envelopes. Mr. Howard's handwriting was so bad that Max couldn't make out the exact figures. The white envelope was some dollar amount and 75 cents. The yellow one was something and 49 cents, and the brown one was something and 12 cents.

Daniel glanced at the envelopes too.

"So that tells us what we need to know," he said.

Max protested, "How could you figure that out in just a few seconds? I can't even make out the entire numbers!"

El orden del producto 39

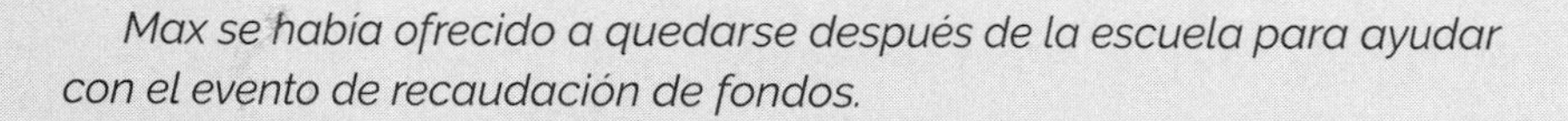

Max se había ofrecido a quedarse después de la escuela para ayudar con el evento de recaudación de fondos.

La asociación de padres iba a comprar materiales para los tres salones en su grado, y habían dividido el costo de estos entre todos los estudiantes. Cada estudiante debía contribuir $15.63. El salón del Sr. McGovern tenía veintitrés estudiantes, el de la Sra. Chang tenía veinticinco, y el de la Sra. Bittle tenía veinticuatro.

El primer salón en entregar todo su dinero ganaría tres días sin tarea, el segundo dos días, y el tercero un día.

El señor Howard, el padre de Daniel, un compañero de salón de Max, estaba a cargo de anunciar el salón ganador.

Cada salón había alcanzado su meta. Desafortunadamente, los sobres no tenían el nombre de los maestros, solo los montos que contenían.

—Sé que el sobre blanco llegó primero, el amarillo segundo, y el marrón tercero —dijo el señor Howard.

Max miró los sobres. La ortografía del señor Howard era tan mala que no podía leer las cifras exactas. El sobre blanco estaba marcado con un monto en dólares y 75 centavos. El amarillo con un monto y 49 centavos, y el marrón con un monto y 12 centavos.

Daniel también ojeó los sobres y dijo:

—Eso nos indica lo que necesitamos saber.

Max protestó.

—¿Cómo lo descifraste en tan pocos segundos? ¡Yo ni siquiera puedo leer los números completos!

Product Placement

"It's just a matter of some rules of multiplication," Daniel said. "The product of a multiplication can only end with a 5 if an odd number was multiplied by a number ending with a 5. So the first envelope, the white one with the number ending with a 5, had to be from the only room with a number of students ending in a 5: the 25 students in Mrs. Chang's class."

Daniel continued, "Of the other two numbers, one was odd and one was even. The product of a multiplication is odd only when you multiply 2 odd numbers. An even number times either an even or an odd number gives you an even number. So the odd number on the yellow envelope, the one that came in second, had to be the product of multiplying 2 odd numbers. So Mr. McGovern's room, with the 23 students, had to be in second place; and Mrs. Bittle's room, with an even number of students, 24, is in third."

"The actual numbers," Mr. Howard said, looking at the envelopes, "are $390.75 for Mrs. Chang's room, $359.49 for Mr. McGovern's room, and $375.12 for Mrs. Bittle's room. I guess I have to work on my handwriting."

El orden del producto

—Es asunto de algunas reglas de multiplicación —respondió Daniel—. El producto de una multiplicación solo termina en 5 si se multiplica un número impar por un número que termina en 5. Por tanto, el primer sobre, el blanco con la cifra que termina en 5, tiene que ser el del único salón con un número de estudiantes que termina en 5: los 25 estudiantes de la Sra. Chang.

—De las otras dos cifras, una era par y la otra impar —continuó Daniel—. El producto de una multiplicación es impar solo cuando se multiplican 2 números impares. Un número par multiplicado por un número par o impar resulta en un número par. Por tanto, la cifra impar en el sobre amarillo, el que llegó segundo, tiene que ser el producto de 2 números impares. Por lo tanto, el salón del maestro McGovern, con 23 estudiantes, tiene que estar en el segundo lugar, y el salón de la maestra Bittle, con 24 estudiantes, un número par, tiene que ser el tercero.

—Los números correctos —dijo el señor Howard mirando a los sobres— son $390.75 para el salón de la Sra. Chang, $359.49 para el del Sr. McGovern, y $375.12 para el de la Sra. Bittle. Supongo que tengo que mejorar mi caligrafía.

40 Coupon Rate

Arianna was at the mall doing some shopping with Haley's family. Arianna had brought along $20, which she'd saved from her allowance so she could buy her sister a sweater as a birthday present. That morning she'd seen one advertised in the newspaper for $19.95. The newspaper also had a $1 off coupon, which she'd cut out.

They found the sweaters soon enough, but Arianna realized that she'd forgotten there was a sales tax of 5.5%. She was worried that she wouldn't have enough money.

"Can I borrow some change?" she asked Haley as they stood in line. "I'll pay you back when I get home."

"Sure, but can I look at that coupon first?" Haley replied.

"Okay, but what good will that do?" Arianna asked.

Cuenta el descuento

40

Arianna estaba de compras en el centro comercial con la familia de Haley. Traía $20, que había ahorrado de la mesada para comprarle un abrigo a su hermana como regalo de cumpleaños. Esa mañana había visto uno anunciado en el periódico a $19.95. El periódico también tenía un cupón de descuento de $1 que había cortado.

Pronto encontraron los abrigos, pero Arianna se dio cuenta de que había olvidado que había un impuesto de ventas de 5.5%. Le preocupaba que no tendría suficiente dinero.

—¿Me prestas algunas monedas? —le preguntó a Haley cuando hacían la fila—. Te pagaré tan pronto llegue a la casa.

—Claro, ¿pero me dejas ver el cupón primero? —le respondió Haley.

—Está bien, pero ¿en qué ayudará eso?

Coupon Rate

"It's a question of whether they take the value of the coupon off the price before they charge the taxes or after," Haley said. "That does make a difference."

She opened the calculator application on her cell phone.

"To find how much 5.5% tax adds to $19.95, multiply 19.95 times 1.055. That comes to $21.04725, which we'll round up to $21.05. So if you subtract a $1 coupon off that, you'll need another nickel. But let's say they take the value of the coupon off first. Now you're paying tax only on $18.95. Multiplying 18.95 times 1.055 is $19.99225. Even if the store rounds up, your $20 would be enough."

As she looked at the coupon again, Arianna was happy to see that the taxes were charged after the value of the coupon was deducted. She didn't have to borrow anything from Haley after all.

—Quiero saber si aplican el descuento antes o después de cobrar los impuestos —contestó Haley—. Eso hace una diferencia.

Haley abrió la aplicación de la calculadora en su teléfono celular y dijo:

—Para saber cuánto más le agrega el impuesto del 5.5% al precio de $19.95, multiplica 19.95 por 1.055. Esto resulta en $21.04725; cifra que se redondea a $21.05. Si a esto se le resta $1, solo necesitarás una moneda de 5 centavos. Pero supongamos que primero descuentan el valor del cupón. En ese caso pagarías impuestos sobre $18.95. Multiplicar 18.95 por 1.055 resulta en $19.99225. Aun si la tienda redondea el monto hacia arriba, los $20 serán suficientes.

Al mirar el cupón de nuevo, Arlanna se puso feliz al ver que los impuestos se cobraban tras deducir el descuento. No tendría que tomar dinero prestado de Haley después de todo.

Science Bonus Section

Suplemento especial de ciencias

Stars in Their Eyes

Mr. Sakura was known for giving a lot of homework, and a lot of it was very tough. He was also known for having a sense of humor. His assignment to the class was this: "Over the next week, at a time of your choosing, identify the star that looks the largest in the sky."

The day they turned in their answers, a group of friends gathered outside after school and talked about what they did.

"I used binoculars, but even then, no one star seemed bigger than any of the others," Xavier said. "So I just picked the North Star. I don't know if it's the biggest, but at least it's easy to find."

"I did some research on the Internet and found that Vega is a really bright star," Paul said. "I managed to find it one night. But I couldn't tell if it's the biggest star in the sky or not."

Bradley said, "I used a telescope I got as a little kid and looked at the constellation Orion—you know, the one that is supposed to look like a hunter wearing a belt. I picked one of the belt stars, Mintaka. I tried to measure it against the other ones. It looked a little bigger, but I don't really know."

"That's what you guys get for not looking close enough," Nicholas said. "How could you miss it?"

Luz de sus ojos

41

Al Señor Sakura se le conocía por dar mucha tarea, y una gran parte de ella bien difícil. También se le conocía por tener un buen sentido del humor. Su tarea para la clase era esta:

—Durante la próxima semana, en algún momento que ustedes escojan, identifiquen la estrella que más grande se vea en el cielo.

El día en el que entregaron sus respuestas, un grupo de amigos se reunió en el exterior después de la escuela y hablaron sobre lo que hicieron.

—Yo usé binoculares, pero aún así, ninguna estrella parecía verse más grande que las demás —dijo Xavier—, así que escogí la estrella del Norte. No sé si es la más grande, pero es la más fácil de encontrar.

—Yo investigué un poco en la red y descubrí que Vega es una estrella bien brillante —dijo Paul—. Logré encontrarla una noche, pero no pude distinguir si era la estrella más grande en el cielo o no.

—Yo usé un telescopio que recibí cuando era pequeño y me fijé en la constelación Orión—ya sabes, la que se supone que parezca un cazador portando un cinturón. Escogí una de las estrellas que quedan en el cinturon, Mintaka. Traté de medirla contra las demás. Se veía un poco más grande, pero realmente no sé.

—Eso les pasa por no fijarse detenidamente. ¿Cómo pudieron perdérselo? —preguntó Nicholas.

Stars in Their Eyes

"But we looked at the stars as closely as we could, without going to an observatory," Bradley said.

"You didn't look closely enough at the instructions," Nicholas said. "Remember, the instruction sheet said you could pick a star you see at any time you chose. It didn't say you had to pick a star at night. The star that looks the largest in the sky is right there," he said, pointing to the Sun.

"The Sun is the only star in our solar system. It is the closest star to Earth and that's why it looks the biggest, but, it turns out, it is about average in size among all stars."

—Nos fijamos en las estrellas desde lo más cerca que podíamos sin ir a un observatorio —dijo Bradley.

—Pero no se fijaron detenidamente en las instrucciones. Recuerden, la hoja de instrucciones indicaba que podíamos escoger una estrella que se viera a la hora que quisiéramos. No decía que teníamos que escoger una estrella de noche. La estrella que más grande se ve en el cielo está ahí mismo —respondió Nicholas, señalando al sol.

—El sol es la única estrella en nuestro sistema solar. Es la más cercana a la tierra y por eso se ve tan grande, pero resulta ser que su tamaño es promedio entre todas las estrellas.

Double Dealing

Sherry and Marlena were identical twins, but usually it wasn't too hard to tell them apart. Unlike some twins, they didn't wear the same kinds of clothes, and they wore different hairstyles.

But for the ballet class's performance of "The Nutcracker," the teacher, Miss Jody, had put them in identical costumes and pulled their hair up into identical buns to be Snowflake Princesses.

Then she had decorated their faces with a shiny plastic snowflake, one on Sherry's right cheek and one on Marlena's left cheek, so that when they faced each other at the end of the dance, the light from the spotlight glittered back into the audience. They received a big round of applause.

Afterward, while the girls were removing their makeup and standing in front of the dressing room mirrors, Blaise came up from behind. The face that reflected back at her had a flake on the left side.

"Nice dancing, Marlena," she said.

"Thanks. You did your Sugarplum Fairy dance very well, Blaise. But I'm Sherry. Can't you tell us apart?"

"Quit joking, Marlena."

"I'm not joking," the girl said.

"Yes, you are," Blaise said. But she was beginning to wonder. It was Marlena who had the snowflake on her left cheek, she had been sure of that. Up to now. "Why would I pretend to be Marlena? I'm much better looking," the girl laughed, her back still to Blaise. "Or am I Marlena? Can you tell?"

Repartida doble

42

Sherry y Marlena eran gemelas idénticas, pero normalmente no era demasiado difícil distinguirlas. Contrario a algunos gemelos, no usaban el mismo tipo de ropa, y sus peinados eran muy diferentes.

Sin embargo, para la presentación de su clase de ballet de El Cascanueces, la maestra, la señorita Jody, las había puesto en vestidos idénticos; además, las había peinado con moños idénticos para ser Princesas de Copitos de Nieve.

También les había decorado las caras con un copito de nieve de plástico brillante, uno en la mejilla derecha de Sherry y otro en la mejilla izquierda de Marlena, de modo que cuando quedaron de frente una a la otra al final del baile, la luz del foco reflector se reflejó de los copitos al público. Recibieron un fuerte aplauso.

Después, mientras las niñas se quitaban el maquillaje y estaban paradas frente a los espejos de los vestidores, Blaise se les acercó desde atrás. La cara que veía reflejada hacia ella tenía el copito de nieve en el lado derecho.

—Qué bien bailaste, Marlena —dijo.

—Gracias. Tú también bailaste muy bien el baile del Hada de Azúcar, Blaise. Pero soy Sherry. ¿No nos puedes distinguir?

—Déjate de bromas, Marlena!

—¡No estoy bromeando —dijo la niña.

—Claro que sí —dijo Blaise. Pero se estaba empezando a cuestionar. Marlena era la que tenía el copito de nieve en la mejilla izquierda, de eso sí estaba segura. Hasta ahora.

—¿Por qué me haría pasar por Marlena? Soy mucho más bonita —la niña se rio, estando aún de espalda a Blaise—. ¿O será que soy Marlene? ¿Ves la diferencia?

Double Dealing

"I see now," Blaise said. "When I look at your reflection coming back at me in the mirror, the flake is on the left side as I see it, but of course the mirror reverses everything. So the flake actually is on your right cheek, so you really are Sherry."

Repartida doble

Ahora la veo —dijo Blaise—. Cuando veo el reflejo de tu imagen proyectado en el espejo hacia mí, desde mi perspectiva, el copito se ve en el lado izquierdo. Pero claro, el espejo invierte todo. Así que, en realidad es tu cachete derecho. Sí que eres Sherry.

43 Freeze Fall

It was late winter, and the temperature had just fallen after several mild days. To make the walk home from school even colder, it had rained earlier and a chilly mist still hung in the air.

Tom and Evan glanced up at the flashing clock in front of the bank. It said "32°F, 0°C." They stopped in a candy store for a snack and to warm up before they continued on their way home.

Their shoes splashed through puddles as they headed toward the railroad bridge. The bridge, several hundred yards long, crossed the river far below and had a narrow sidewalk next to train tracks. It could get scary crossing the bridge when a train was on it, but the only way to avoid it was to take a different route that added ten minutes to the walk.

"I think we should go the long way," Evan said. "The bridge is probably icy."

"We haven't seen any ice. These sidewalks are just wet," Tom said.

A few moments later they were on the bridge. Tom's foot slipped on a patch of ice and he fell.

"I told you so," Evan said, teasing him.

"How did you know there would be ice here when there isn't ice anywhere else?" Tom asked as Evan helped him up.

Caída helada

43

Era el final del invierno y la temperatura había bajado tras varios días templados. Para hacer el camino a la escuela aún más helado, había llovido recientemente y permanecía una niebla fría en el aire.

Tom y Evan le echaron un vistazo al reloj digital frente al banco. Indicaba una temperatura de 32°F, 0°C. Entraron en una tienda de golosinas para comprar un refrigerio y calentarse un poco antes de continuar su camino a casa.

Chapoteaban sus zapatos por los charcos de agua, caminando al puente del ferrocarril. El puente, de cientos de metros de largo, estaba tendido muy alto sobre un río y contaba con una acera estrecha al costado de los rieles del ferrocarril. Era escalofriante cruzar el puente mientras pasaba el tren, pero la única forma de evitarlo era tomar una ruta diferente que agregaba 10 minutos más al camino.

—Creo que deberíamos tomar el camino largo —sugirió Evan—. Es probable que el puente esté cubierto en hielo.

—No hemos visto hielo. Las aceras solo están mojadas —respondió Tom.

A pocos momentos estaban sobre el puente. Tom se resbaló sobre un charco congelado y se desplomó.

—Te lo dije —dijo Evan, burlándose de él.

—¿Cómo sabías que habría hielo aquí cuando no hay hielo en ningún otro sitio? —preguntó Tom mientras Evan le ayudaba a levantarse.

Freeze Fall

"The Earth absorbs heat from the Sun and radiates that heat back out. Up until the bridge, there is ground under the sidewalks. The ground provides some insulation and keeps the sidewalks above the freezing point, even though the air temperature itself is at the freezing point," Evan said. "But underneath the bridge there is just cold air without any insulation, so the surface on the bridge freezes first."

Caída helada

—La Tierra absorbe el calor del sol y luego lo irradia hacia el exterior. Hasta llegar al puente, hay tierra debajo de las aceras. La tierra las aísla un poco y las mantiene por encima del punto de congelación, aun cuando la temperatura en sí está al punto de congelación —dijo Evan—. Pero debajo del puente solamente hay aire frío sin aislamiento, por eso la superficie del puente se congela antes.

44 Eggcellent Idea

"Mom, where are you?" Carol called as she unlocked the back door and entered the kitchen.

Three other equally sweaty and hungry girls followed her after playing a pick-up soccer game on the field near Carol's house.

On the table, they saw a note from Carol's mother. It said, "Had to run an errand. Will be back around one. You and your friends can help yourself to lunch. Eggs are in the fridge."

"Mom boiled a dozen eggs this morning to make egg salad sandwiches. I know how to make them," Carol said as she opened the refrigerator.

Two identical egg cartons were inside.

"How do we know which dozen is hard-boiled?" Bianca asked. "If we crack one open and it's still raw, we're wasting an egg and making a mess."

"How about seeing if any are still warm?" Jade suggested. "Or still wet from being in the water?"

Carol brought out both egg containers and felt the eggs. All the eggs were cold and dry. "That doesn't help. They're all the same. I think we have to guess," she said.

"We don't have to guess," Lucy said.

All their heads turned toward her.

Excelente idea

—Mamá, ¿dónde estás? —preguntó Carol al abrir la puerta trasera y entrar en la cocina.

La seguían tres niñas, igualmente sudadas y hambrientas, que venían de jugar un partido de fútbol informal en el campo que quedaba cerca de la casa de Carol.

Sobre la mesa vieron una nota de la madre de Carol. Decía:

Tuve que salir a hacer un mandado. Volveré como a la una. Tú y tus amigas pueden prepararse el almuerzo. Hay huevos en la nevera.

—Esta mañana mamá hirvió una docena de huevos para hacer sándwiches con ensalada de huevo. Yo sé cómo hacerlos —dijo Carol abriendo la nevera.

Habían dos cartones de huevos idénticos.

—¿Cómo sabemos cuál docena está cocida? —preguntó Bianca—. Si rompemos un huevo y está crudo, desperdiciaremos uno y haremos un desorden.

—¿Qué tal si vemos si algunos todavía están calientes? —dijo Jade—. ¿O todavía mojados por haber estado en agua?

Carol sacó los dos cartones y tocó los huevos. Todos estaban fríos y secos.

—Eso no ayuda. Todos están iguales. Creo que tenemos que adivinar —dijo ella.

—No tendremos que adivinar —dijo Lucy.

Todas las amigas la miraron.

Eggcellent Idea

Lucy explained, "Spin the eggs here on the counter. They will spin differently. The raw ones will spin more slowly than hard-boiled ones because the hard-boiled eggs have been cooked solid, but the liquid inside of the raw egg slows the egg down. That's how we will be able to tell which eggs are which."

Lucy explicó:

—Gira los huevos aquí, en el mostrador. Van a girar de manera diferente. Los crudos girarán más lentamente que los cocidos. Esto sucede porque los huevos duros son sólidos, pero el líquido dentro del huevo crudo reduce la velocidad. Así podremos saber cuáles son cuáles.

45 Occupational Hazards

It was the start of Career Week in science class. The students had to pick an area of science they found interesting and then research what it would be like to work in that job.

"J.L., let's start with you," said their teacher, Mr. Chisek. "What career are you going to study?"

"I've always liked space," J.L. said. "I think meteors are really neat, so I'm going to look into being a meteorologist."

"I like space, too," George said. "I just love looking at the stars. So I'll research being an astrologer."

Mr. Chisek said, "How about something a little more down to Earth?"

"I'm interested in plants," Jahari said. "I'm going to do my report on how to be a botanist."

"Is there anyone interested in rocks and minerals?" the teacher asked.

"Me," Trisha said. "I'll do mine on what it's like to be a geographer."

"Anyone interested in electronics?" Mr. Chisek asked.

Brandon raised his hand.

"I love messing around with radios. I'm going to research radiology," he said.

Tucker leaned over and whispered to Acquan, "I'm surprised Mr. Chisek isn't saying anything. But I guess he's going to let them find out the hard way. All of them except for one are in for a surprise."

Gajes del oficio

Era el principio de la semana de las profesiones en la clase de ciencias. Los estudiantes tenían que escoger un área de las ciencias que les interesaba y luego investigar cómo sería ejercer esa profesión.

—J.L., comencemos contigo —dijo su maestro, el Sr. Chisek—. ¿Cuál profesión investigarás?

—Siempre me ha gustado el espacio —contestó J.L.—. Creo que los meteoritos son geniales, así que voy a investigar cómo es ser meteorólogo.

—A mí también me gusta el espacio —agregó George—. Me encanta observar las estrellas. Investigaré el quehacer de un astrólogo.

—¿Qué tal si descendemos un poco más hacia la tierra? —dijo el Sr. Chisek.

—A mí me interesan las plantas —dijo Jahari—. Haré el informe sobre cómo ser un botánico.

—¿Hay alguien interesado en piedras y minerales? —preguntó el maestro.

—Yo —contestó Trisha—. Haré mi informe sobre lo que es ser un geógrafo.

—¿Alguien está interesado en la electrónica? —preguntó el Sr. Chisek.

Brandon levantó la mano.

—Me encanta jugar con los radios. Investigaré la radiología.

Tucker se inclinó hacia adelante y le susurró a Acquan:

—Me sorprende que el Sr. Chisek no haya dicho nada. Pero supongo que va a dejar que aprendan a golpes. Todos excepto uno se van a llevar una sorpresa.

Occupational Hazards

"I know what you mean," Acquan said. "Meteorology is not the study of meteors, it's the study of weather. And astrology isn't the study of the universe, astronomy is. Astrology isn't a science, it's a belief that the stars and planets affect our personalities and our lives."

Tucker said, "Trisha will soon find out that geology is the study of things found in the ground and that geography is the study of the Earth's physical features. And radiology isn't about radios, it's about using X-rays and radioactive substances to detect and treat disease. Jahari is the only one who's right; botany is about studying plants. Being accurate is really important in science!"

—Sé a qué te refieres —respondió Acquan—. La meteorología no es el estudio de los meteoritos, es el estudio del clima. La astrología no es el estudio del universo, eso sería la astronomía. La astrología no es una ciencia, es la creencia de que las estrellas y los planetas afectan nuestras personalidades y vidas.

—Trisha pronto se enterará de que la geología es el estudio de las cosas que se encuentran dentro de la tierra y que la geografía es el estudio de las características físicas de la Tierra —continuó Tucker—. Y la radiología no es sobre radios, es sobre el uso de los rayos X y sustancias radioactivas para detectar y tratar enfermedades. Jahari es el único que tiene razón; la botánica es el estudio de las plantas. ¡Ser preciso es muy importante en las ciencias!

Science, Naturally wishes to thank our wonderful team, whose enthusiasm, eagle eyes, and language skills helped shape this into the fun and wonderful book that it is!

Senior Editor:
Hannah Thelen, Caledonia, MI

Associate Editor:
Megan Murray, Mitchellville, MD
Benjamin Suehler, Washington, D.C.

Project Editors:
Sam Akridge, Washington, D.C.
Jessica Gunther, Herndon, VA
Chelsea Karen, Northport NY
Yousra Medhkour, Fairfax, VA
Dan Sheehan, Woodbury, CT

Spanish Language Consultant:
Karen Rivera Geating, Washington, D.C.

Spanish Language Editors:
Maria del Pilar Suescum, Washington, D.C.
Cris Villareal Navarro, McAllen, TX

Translator:
Yana Alfaro Villalobos, Costa Rica

Photo and Illustration Credits

Page 20 Photo by Patricia Hofmeester; Dreamstime.com
Page 21 Photo by Joseph Helfenberger; Dreamstime.com
Page 24 Photo by anotherperfectday; istockphoto.com
Page 25 Photo by Isabell Shulz; flickr.com
Page 28 Photo by Pete Saloutos; Dreamstime.com
Page 29 Photo by ; flickr.com
Page 32 Photo by Gunold; Dreamstime.com
Page 33 Photo by James Steidl; Dreamstime.com
Page 36 Photo by Lightkeeper; Dreamstime.com
Page 37 Photo by scibak; istockphoto.com
Page 40 Photo by Nick Monu; istockphoto.com
Page 41 Photo by Aprescindere; Dreamstime.com
Page 44 Photo by Ron Chapple Studios; Dreamstime.com
Page 45 Photo by iZonda; istockphoto.com
Page 48 Photo by Melissa & Doug
Page 49 Photo by Auremar; Dreamstime.com
Page 52 Photo by Monkey Business Images; Dreamstime.com
Page 53 Photo by Crashtackle; Dreamstime.com
Page 56 Photo by AndrejsPidjass; Dreamstime.com
Page 57 Photo by Rosamund Parkinson; istockphoto.com
Page 62 Photo by Viola Joyner; istockphoto.com
Page 62 Photo by Martina_L; istockphoto.com
Page 63 Photo by Ivan Paunovic; Dreamstime.com
Page 66 Photo by Winzworks; Dreamstime.com
Page 67 Photo by Elenathewise; istockphoto.com
Page 70 Photo by Oleg Mitiukhin; Dreamstime.com
Page 71 Photo by BanksPhotos; istockphoto.com
Page 74 Photo by Thomas Gordon; istockphoto.com
Page 75 Photo by Clearvista; Dreamstime.com
Page 78 Photo by Brad Sauter; Dreamstime.com
Page 79 Photo by Ozkoroglu; Dreamstime.com
Page 82 Photo by Ronyzmbow; Dreamstime.com
Page 83 Photo by Terry Alexander; Dreamstime.com
Page 86 Photo by Lazarevdn; Dreamstime.com
Page 87 Photo by Meg380; Dreamstime.com
Page 90 Photo by Charles Knox; Dreamstime.com
Page 91 Photo by Gary Blakeley; Dreamsime.com
Page 94 Photo by Rocking Horse Ranch Resort
Page 95 Photo by DzmitryShpak; Dreamstime.com
Page 98 Photo by Cstar Enterprises; istockphoto.com
Page 99 Photo by Exsodus; Dreamstime.com
Page 104 Photo by U Star PIX; istockphoto.com
Page 105 Photo by Design56; Dreamstime.com
Page 108 Photo by Thor Jorgen Udvang; Dreamstime.com
Page 109 Photo by Krzysztof Urbanowicz; flickr.com
Page 112 Photo by Monkey Business Images; Dreamstime.com
Page 113 Photo by Official USS Theodore Roosevelt (CVN 71)
Page 116 Photo by RichLegg; istockphoto.com
Page 117 Photo by Raphael Goetter; flickr.com
Page 120 Photo by Randy Harris; Dreamstime.com
Page 121 Photo by Photoeuphoria; Dreamstime.com
Page 124 Photo by Kathy Wynn; Dreamstime.com
Page 125 Photo by John Neff; iStockphoto.com
Page 128 Photo by Mwproductions; Dreamstime.com
Page 129 Photo by Pixelrobot; Dreamstime.com
Page 132 Photo by Pete Niesen; Dreamstime.com
Page 133 Photo by Joe Strupek; Dreamstime.com
Page 136 Photo by JSABBOTT; iStockphoto.com
Page 137 Photo by gfpeck; flickr.com
Page 140 Photo by Elysabeth McReynolds; Bigstockphoto.com
Page 141 Photo by Devin Allphin; Dreamstime.com
Page 146 Image by Holly Harper, Blue Bike Communications
Page 147 Photo by Aerogondo; Dreamstime.com
Page 150 Photo by Gemphotography; Dreamstime.com
Page 151 Photo by Andy Piatt; Dreamstime.com
Page 154 Photo by Andres Rodriguez; Dreamstime.com
Page 155 Photo by Blake Buettner; flickr.com
Page 158 Photo by istockphoto.com
Page 159 Photo by Podius; Dreamstime.com
Page 162 Photo by Elena Elisseeva; Dreamstime.com
Page 163 Photo by Sebastian Schubanz; Dreamstime.com
Page 166 Photo by kiep; BigStockPhoto.com
Page 167 Photo by Ronil Patel; flickr.com
Page 170 Photo by Gina Smith; Dreamstime.com
Page 171 Photo by FotoMaximum; iStockphoto.com
Page 174 Photo by Alexey Romanov; Dreamstime.com
Page 175 Photo by Adam Gryko; Dreamstime.com
Page 178 Photo by digital planet design; iStockphoto.com
Page 179 Photo by JoKMedia; istockphoto.com
Page 182 Photo by Monkey Business Images; Dreamstime.com
Page 183 Photo by Pavel Losevsky; Dreamstime.com
Page 188 Photo by Dannyphoto80; Dreamstime.com
Page 189 Photo by Pere Sanz; Dreamstime.com
Page 192 Photo by eranicle; iStockphoto.com
Page 193 Photo by Tracy Whiteside; Dreamstime.com
Page 196 Photo by Oscar Voss; Alaska Roads
Page 197 Photo by Junkgirl; Dreamstime.com
Page 200 Photo by blackred; iStockphoto.com
Page 201 Photo by Monkey Business Images; Dreamstime.com
Page 204 Illustration by Vecteezy
Page 205 Photo by Tomasz Trojanowski; Dreamstime.com

Glossary

Algebra [Noun] A form of mathematics used for solving equations in which letters (such as x and y) stand for unknown values

Area [Noun] The size of a surface; the amount of space inside the boundary of a flat, two-dimensional object, such as a triangle or a circle. For a square or a rectangle, area is the width multiplied by the length of an object ($A=lw$). For a circle, $A=\Pi r^2$, and for a square the formula is $A=s^2$

Average [Noun] A number that represents a typical amount or value. To calculate an average, add up all the numbers, then divide by how many numbers there are. For instance, to find the average of 2, 7, and 9 you would add the numbers: $2 + 7 + 9 = 18$. Divide by the quantity of numbers added (we added 3 numbers): $18 \div 3 = 6$. The average is 6

Compound Interest [Noun] The term that describes interest calculated on the amount borrowed (the principal) and any previous interest. The total amount owed grows much more rapidly using compound interest than it does when using simple interest

Constellation [Noun] A group of stars forming a recognizable pattern

Extrapolation [Noun] An estimation of a value based on extending a known sequence of values or facts beyond the area that is certainly known

Earth [Noun] The planet third in order of distance from the Sun, between Venus and Mars; the world on which we live

Fractions [Noun] Part of a whole. The bottom number (the denominator) indicates how many parts the whole will be divided into, and the top number (the numerator) indicates how many parts there are. If you have 1/3 of a pie, the pie is split into three parts and you have one of those parts

Hypotenuse [Noun] The side opposite the right angle (90°) in a right triangle, also the longest side of the triangle

Identical Twins [Noun] Two babies who develop from a single fertilized egg that splits in two, are of the same sex, and usually resemble each other closely

Leap Year [Noun] A year with an extra day, occurring once every four years at the beginning of each century. A calendar year has 365 days, but a solar year is just slightly longer, about 365.25 days. To keep the calendars lined up, we add an extra day every fourth year at the end of February, otherwise, our calendars would become out of sync with the seasons. However, in each leap cycle (400 years) we end up adding three more days than are actually needed, so we take away three leap days. Every leap year must be divisible by 400 and 4. The years 2000, 2004, 2008, and 2012 were all leap years, but 1700, 1800 and 1900 were not

Least Common Multiple (LCM) [Noun] The smallest positive number that is a multiple of two or more numbers. The LCM of 3 and 5 is 15, because 15 is a multiple of 3 and also a multiple of 5. You use the LCM when you are trying to find a common denominator for adding or subtracting fractions

Observatory [Noun] A place equipped with a powerful telescope used for making observations of astronomical, meteorological, or other natural phenomena

Pythagorean Theorem [Noun] A theory by the ancient Greek mathematician, Pythagoras, which states that the square of the hypotenuse is equal to the sum of the squares of the other two sides. This formula only applies to right triangles. The formula is $c^2 = a^2 + b^2$

Ratios [Noun] The relative sizes of two or more values. Ratios can be shown in different ways: you can use a colon (:) to express ratio or you can express the values as fractions or percentages. For example, if there are 1 boy and 3 girls in a room, you can write the ratio as 1:3, or you can write ¼ are boys and ¾ are girls, or you can say that 25% of the kids are boys and 75% of the kids are girls

Reflection [Noun] The throwing back by a body or surface of light, heat, or sound without absorbing it

Solar System [Noun] A solar system is a star and all of the objects that travel around it — planets, moons, asteroids, comets, and meteoroids

Star [Noun] A bright point of light in the sky that generates radiant energy and consists of a mass of gas held together by its own gravity

Volume [Noun] The amount of 3-dimensional space an object occupies. The volume of a quart of milk is 32 ounces, the amount of space in the container. Another example: if you have a box that has a width of 3 inches, a length of 7 inches, and a height of 5 inches, the volume will be 105 cubic inches (3 inches x 5 inches x 7 inches = 105). This can be written as 105 cu in or 105 in^3

Glosario

Álgebra [Sustantivo] Una forma de matemáticas utilizada para resolver ecuaciones en la que las letras (como X e Y) representan valores desconocidos

Año bisiesto [Sustantivo] Un año con un día adicional, ocurre una vez cada cuatro años al comienzo de cada siglo. Un año de calendario tiene 365 días, pero un año solar es un poco más largo, 365.25 días. Para mantener los calendarios alineados, añadimos un día extra cada cuatro años al final del mes de febrero, de lo contrario, nuestros calendarios perderían la sincronización con las estaciones. Sin embargo, en cada ciclo bisiesto (400 años) acabamos añadiendo tres días más de los que realmente necesitamos, por lo que sacamos tres días bisiestos. Cada año bisiesto debe ser divisible por 400 y 4. Los años 2000, 2004, 2008 y 2012 fueron años bisiestos, pero los años 1700, 1800 y 1900 no lo fueron

Área [Sustantivo] La dimensión de una superficie; la cantidad de espacio dentro de los límites de un objeto bidimensional plano, tal como un triángulo o un círculo. Para un cuadrado o un rectángulo, el área es la anchura multiplicada por la longitud de un objeto ($A = lw$). Para un círculo, $A = \pi r^2$, y para un cuadrado la fórmula es $A = s^2$

Constelación [Sustantivo] Un grupo de estrellas que forman un patrón reconocible

Estrella [Sustantivo] Un punto de luz brillante en el cielo que genera energía radiante y consiste en una masa de gas que se mantiene unida por su propia gravedad

Extrapolación [Sustantivo] Una estimación de valor basada en la ampliación de una secuencia de valores conocida o hechos más allá de la zona que se conoce con certeza

Fracciones [Sustantivo] Parte de un todo. El número inferior (el denominador) indica en cuántas partes se dividirá el conjunto, y el número de arriba (el numerador) indica cuántas partes hay. Si usted tiene 1/3 de un pastel, el pastel está dividido en tres partes y usted tiene una de esas partes

Gemelos idénticos [Sustantivo] Dos bebés que se desarrollan de un solo huevo fertilizado que se divide en dos, son del mismo género, y normalmente se parecen entre sí

Hipotenusa [Sustantivo] El lado opuesto al ángulo recto (90°) en un triángulo rectángulo, también el lado más largo del triángulo

Interés compuesto [Sustantivo] El término que describe un interés calculado sobre el monto prestado (el principal) y cualquier interés anterior. La cantidad total de la deuda crece mucho más rápidamente cuando se usa el interés compuesto que cuando se utiliza el interés simple

Mínimo común múltiplo (MCM) [Sustantivo] El número positivo más pequeño que es un múltiplo de dos o más números. El MCM de 3 y 5 es 15, porque 15 es un múltiplo de 3 y también un múltiplo de 5. Se utiliza el MCM cuando se está tratando de encontrar un denominador común para sumar o restar fracciones

Observatorio [Sustantivo] Un lugar equipado con un telescopio poderoso que se usa para hacer observaciones de fenómenos astronómicos, meteorológicos o de otra naturaleza

Promedio [Sustantivo] Un número que representa una cantidad o valor típico. Para calcular un promedio, se suman todos los números, y se divide el resultado por la cantidad de números que hay. Por ejemplo, para encontrar el promedio de 2, 7 y 9, añada los números: $2 + 7 + 9 = 18$. Divida por la cantidad de números añadidos (añadimos 3 números): $18 \div 3 = 6$. El promedio es 6

Proporción [Sustantivo] Los tamaños relativos de dos o más valores. Los radios se pueden mostrar en diferentes formas: puede usar dos puntos (:) para expresar el radio o puede expresar los valores como fracciones o porcentajes. Por ejemplo, si hay 1 chico y 3 chicas en una habitación, puede escribir la proporción como 1:3, o puede escribir ¼ son niños y ¾ son niñas, o puede decir que el 25% de los chicos son niños y el 75% de los chicos son niñas

Reflejo [Sustantivo] Lo que rebota de un cuerpo o superficie de luz, calor o sonido sin absorberlo

Sistema solar [Sustantivo] El sistema solar es una estrella y todos los objetos que giran a su alrededor—planetas, asteroides, cometas y meteoritos

Teorema de Pitágoras [Sustantivo] Una teoría por el antiguo matemático griego Pitágoras, que establece que el cuadrado de la hipotenusa es igual a la suma de los cuadrados de los otros dos lados. Esta fórmula sólo se aplica a los triángulos rectángulos. La fórmula es $c^2 = a^2 + b^2$

Tierra [Sustantivo] El tercer planeta en orden de distancia del Sol, entre Venus y Marte; el mundo en el que vivimos

Volumen [Sustantivo] La cantidad de espacio tridimensional que ocupa un objeto. El volumen de un litro de leche es de 32 onzas, la cantidad de espacio en el recipiente. Otro ejemplo: si tiene una caja con anchura de 3 pulgadas, longitud de 7 pulgadas, y altura de 5 pulgadas, el volumen será 105 pulgadas cúbicas (3 pulgadas x 5 pulgadas x 7 pulgadas = 105). Esto se puede escribir como 105 cu in o 105 in^3

Index

Índice

About the Authors

Eric Yoder is a writer and editor who has been published in a variety of magazines, newspapers, newsletters, and online publications on science, government, law, business, sports, and other topics. He has contributed to or edited numerous books, mainly in the areas of employee benefits and financial planning. A reporter at *The Washington Post* who also does freelance writing and editing, he was a member of the Advisory Committee for Science, Naturally's *101 Things Everyone Should Know About Science*. He and his wife, Patti, have two daughters, Natalie and Valerie. Eric can be reached at Eric@ScienceNaturally.com.

Natalie Yoder is a college student whose favorite subjects include psychology, science, and photography. A sports enthusiast, she participates in gymnastics, field hockey, diving, soccer, and track. She also enjoys writing, being with friends and family, and listening to music. She has been interviewed several times, along with her father, on National Public Radio to talk about their work on their *One Minute Mysteries* series: *65 Short Mysteries You Solve With Science!* and *65 Short Mysteries You Solve With Math!* She looks forward to writing more books. She is thinking about careers in oceanography or photography. She can be reached at Natalie@ScienceNaturally.com.

Sobre los Autores

Eric Yoder es un escritor y editor que ha sido publicado en una variedad de revistas, periódicos, boletines y publicaciones en línea sobre ciencias, gobierno, derecho, negocios, deportes y otros temas. Ha contribuido a, o editado, numerosos libros, principalmente en las áreas de beneficios para empleados y planificación financiera. Un reportero de *The Washington Post* que también trabaja como escritor y editor independiente, fue miembro del Comité Consultivo del libro de Science, Naturally *101 Things Everyone Should Know About Science*. Él y su esposa Patti tienen dos hijas, Natalie y Valerie. Puede contactar a Eric en: Eric@ScienceNaturally.com.

Natalie Yoder es una estudiante universitaria cuyos temas favoritos incluyen la psicología, ciencias y fotografía. Entusiasta de deportes, participa en gimnasia, hockey sobre césped, buceo, fútbol y atletismo. También le gusta escribir, estar con su familia y amigos, y escuchar música. Ha sido entrevistada varias veces junto con su padre en National Public Radio (Radio Pública Nacional) para hablar sobre su trabajo en la serie *One Minute Mysteries: 65 Short Mysteries You Solve With Science!* y *65 Short Mysteries You Solve With Math!* Aspira a escribir más libros. Está contemplando carreras en el campo de la oceanografía o fotografía. Puede ser contactada en: Natalie@ScienceNaturally.com.

Conversion Table

Tabla de conversíon

DISTANCE	*DISTANCÍA*
1 inch = 2.5 centimeters	*1 pulgada = 2.5 centímetros*
1 centimeter = 0.4 inches	*1 centímetro = 0.4 pulgadas*
1 foot = 12 inches	*1 pie = 12 pulgados*
1 foot = 30.5 centimeters	*1 pie = 30.5 centímetros*
1 yard = 3 feet	*1 yarda = 3 pies*
1 meter = 100 centimeters	*1 metro = 100 centímetros*
1 meter = 1.1 yards	*1 metro = 1.1 yardas*
1 yard = 0.9 meters	*1 yarda = 0.9 metros*
1 mile = 1760 yards	*1 milla = 1760 yardas*
1 mile = 1609 meters	*1 milla = 1609 metros*
1 kilometer = 1000 meters	*1 kilómetro = 1000 metros*
1 mile = 1.6 kilometers	*1 milla = 1.6 kilómetros*
1 kilometer = 0.6 miles	*1 kilómetro = 0.6 millas*

VOLUME	*VOLUMEN*
1 quart = 32 US Fluid Ounces	*1 cuarto de galón = 32 US onzas liquidas*
1 gallon = 4 quarts	*1 galón = 4 cuartos de galón*
1 gallon = 128 US Fluid Ounces	*1 galón = 128 US onzas líquidas*
1 gallon = 3.8 liters	*1 galón = 3.8 litros*
1 liter = 0.26 gallons	*1 litro = 0.26 galones*

MASS	*MASA*
1 pound = 0.45 kilograms	*1 libra = 0.45 kilogramos*
1 kilogram = 2.2 pounds	*1 kilogramo = 2.2 libras*

TEMPERATURE

To convert from Celsius to Fahrenheit, multiply by 9/5 and add 32.

TEMPERATURA

Para convertir de centígrados a Fahrenheit, multiplique por 9/5 y agregue 32.

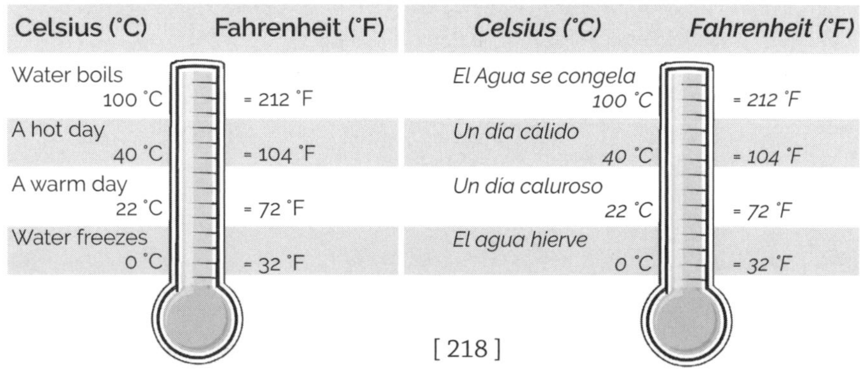

Readers love our books!

See what they are saying about the *One Minute Mysteries* series!

"These books skillfully mesh humor and excitement with challenging problems! While kids have fun and solve the mysteries, they actually develop important deductive reasoning skills they will use throughout their lives."

— Rachel Connelly, Ph. D., Bion R. Cram Professor of Economics, Bowdoin College

"These brainteasers are science magic! My ten-year-old grandson devoured the book. He was excited when he knew the solutions and was eager to discover the ones unknown. Clever, entertaining, and scientifically educational, readers will learn much from the concise, accurate solutions."

—Robert Fenstermacher, Ph.D.,
Robert Fisher Oxnam Professor of Science and Society, Drew University

"A fun way to get people thinking about math as a way to find solutions to real problems—not just those you see on a standardized test. These mysteries are the perfect bridge to help the math-phobic embrace the subject as an enjoyable, human endeavor rather than a school chore. This book gives kids a chance to love math!"

—Patrick Farenga, co-author, *Teach Your Own: The John Hott Book of Homeschooling*

"The mysteries are quick, yet challenging, making them a perfect fit for even the busiest schedule. Try solving just one, but watch out; you might not be able to stop!"

—Matt Bobrowsky, Ph.D., Department of Physics, University of Maryland

"Parents, if you've wondered how to help your child with science at home, these bite-sized mysteries are a surefire way to stimulate interest and ongoing conversations."

—Jan Mokros, Director, Maine Mathematics and Science Alliance

"These mysteries are word problems that stress cross-curricular reading comprehension. With core curriculum-focused, real-world application and a hint of out-of -the-box thinking, they engage students and make math fun!"

— *Think Teachers* Magazine

"A multitude of real-life scenarios with solutions that would make Encyclopedia Brown jealous. Parents and kids will enjoy the fun challenges, and teachers will appreciate this great vehicle for teaching. In no time, you'll be thinking up your own mysteries!"

— Clay Kaufman, Co-Director, Siena School, Silver Spring, MD